童话古生物丛书

博物馆的一天

王小娟 李 茜 梅逸飞 著

国家自然科学基金项目（项目批准号：41120003，41290263）
资助出版

科学出版社

北京

内 容 简 介

本书以小主人翁小学生天天和芊芊在古生物博物馆一天的参观经历为主线，将新生代（3个纪）7个世的生物演化用不同的表现手法讲述出来，包括哺乳动物的演化、植物的演化以及人类自身演化的全部历程等有趣的内容。本书的最后附录了一些有代表性的生物化石图片，以期让读者了解古生物的化石原型。

本书可作为2~6年级儿童的科普读物，也可作为亲子读物。

图书在版编目(CIP)数据

博物馆的一天/王小娟，李茜，梅逸飞著. —北京：科学出版社，2014.6
（童话古生物丛书）
ISBN 978-7-03-040661-3

Ⅰ．①博… Ⅱ．①王…②李…③梅… Ⅲ．①古生物学－少儿读物 Ⅳ．①Q91-49

中国版本图书馆CIP数据核字(2014)第100983号

责任编辑：周　丹　张　洁/责任校对：张小霞
责任印制：肖　兴/封面设计：许　瑞/插画设计：陈　曦

科 学 出 版 社 出版
北京东黄城根北街 16 号
邮政编码：100717
http://www.sciencep.com
北京世汉凌云印刷有限公司 印刷

科学出版社发行　各地新华书店经销
*
2014年6月第　一　版　　开本：787×1092 1/16
2014年6月第一次印刷　　印张：6 3/4
字数：100 000

定价：29.80元
（如有印装质量问题，我社负责调换）

序　一

中国改革开放的总设计师邓小平先生几十年前说过的一句话"足球要从娃娃抓起"，至今仍广为流传。我想国民科学素养的提升以及对自然科学爱好的培养，又何尝不是如此呢？

我一直惊讶许多儿童能够如数家珍似的，一口气说出几十个甚至上百个有名的恐龙或其他化石的名称。要知道这对我们这些靠研究化石为生的专业古生物学家来说，也常常不是一件容易的事情。这听起来似乎有悖常理。不过，如果你到古生物博物馆去稍加留意，你就不难发现其中的端倪，因为看得最着迷、想到问题最多的往往是孩子们。他们天性纯真，充满了对未知和远古的想象。而且更加重要的是，童年的兴趣和印象往往影响一个人的一生。

化石，特别是恐龙化石一直令无数的人着迷，而且常常是自然博物馆最受欢迎的部分。当伟大的科学家达尔文1858年发表《物种起源》的时候，化石还算不上丰富，但仍然成为当时支持生物演化学说的主要证据之一。如今，一个半世纪以后，古生物学家们取得了许许多多堪称伟大的发现，它们不仅为达尔文的宏伟学说增添了无可辩驳的证据，而且记载了三十多亿年来生命演化过程中一个个动人的故事，描绘了生命之树穿越时空隧道，蓬勃生长的宏伟和壮丽景象。

令人高兴的是，中国近30年来化石的神奇发现为全球古生物学研究带来了最大的惊喜。百年不遇的化石宝库一个个从华夏大地孕育而生，从5亿多年的澄江生物群，到2亿多年的关岭动物群，再到1亿多年的燕辽生物群和热河生物群，再至3千万年以来的和政生物群。这些发现和研究频繁发表于世界顶级的学术刊物，被世界各国的媒体广为传播。中国发现的恐龙化石的种类已经超过了美国，成为世界第一。

中国古生物学家历来有重视普及科学知识的良好传统。近年来的科普佳作也不少见，然而专门针对少年儿童的却可谓凤毛麟角。科学出版社推出"童话古生物"系列少儿科普书，我感到由衷的高兴。该系列图书的主要作者王小娟博士，是中国科学院南京地质古生物研究所的副研究员、《古生物学报》的编辑。她之前出版的古生物少儿科普书已经在小读者中建立了很好的口碑，加上她自己还是一位幼儿园小朋友的妈妈，所以她的书无论是语言风格还是故事情节都很受小朋友的喜爱。

书中故事里面描绘了大量中国以及世界其他地区发现的明星级的史前生物，例如，震旦角石、石燕贝、王冠虫、盔甲鱼、龙鱼、笠头螈、幻龙、贵州龙、霸王龙、甲龙、梁龙、马门溪龙、永川龙、禄丰龙、蜀龙、沱江龙、双脊龙、风神翼龙、准噶尔翼龙、水龙兽、三趾马、巨犀、雷兽、多瘤齿兽、爪兽、南方古猿、北京猿人，山顶洞人等等。值得一提的是，书中还出现了不少最近一些年才问世的中国化石，譬如，小春虫、八臂仙母虫、微网虫、鬼鱼、中国螈、混鱼龙、恐头龙、中国豆齿龙、半甲齿龟、中华龙鸟、小盗龙、帝龙、热河鸟、森林翼龙、辽宁翼龙、巨爬兽、德氏猴等。这些新的化石每一个都蕴藏着一段真实的历史和精彩的故事。我们有理由相信，它们中不少成员已经或迟早会成为世界级的明星。如果通过阅读"童话古生物"，能让中国的孩子们在了解世界各地化石明星的同时，记住更多中国的化石，那何尝不是一件美事？

　　在一个个明星化石粉墨登场的同时，作者也没有忘记介绍它们生活的时代和环境的背景。从生命大发展的寒武纪，到恐龙盛行的侏罗纪、白垩纪，再到哺乳动物大发展的新生代，最后是我们人类家族的闪耀登场。当然，生物有繁盛，也必然伴随衰败，甚至是生物的大灭绝，然后是新的繁盛，如此周而复始。当你真正理解了生物演化和环境的变迁息息相关，或许能够更加懂得善待我们赖以生存的环境，保护好我们共同的家园。

　　描绘这样一个个全景的史前生命的世界，难免不出一点差错，细心的小朋友也许能自己从中发现出一些问题来。当然，还有更多明星级的化石没在这次出版的书中展现。对远古的探索是永无止境的，古生物学家还在不断地发现一些新的未知的物种，相信我们的小读者们在读完了本书后还会继续期待"童话古生物"系列不断推陈出新，讲述更多更加动人的生命的故事。

周忠和

中国科学院院士
美国科学院院士
中国科学院古脊椎动物与古人类研究所所长

序 二

有些事情看起来容易但真正做起来很难，写作可读性和趣味性强的科普书就是这样的。通过古生物化石向公众讲解地球生命起源和演化的历史是各国科普的热点，然而能完整、系统讲述这段漫长历史并且吸引公众尤其是青少年的作品却不多。所以，尽管王小娟多年前已出版过《两粒沙》，获得了好评，但这次《童话古生物》系列书还是让我眼睛为之一亮，孩子们可以从生命诞生的源头开始，沿着生命演化的地质历史长河，系统观看地球生命起源和演化的历史。

王小娟通过攻读硕士和博士学位，为自己打下了较坚实的古生物学基础；她刻苦勤奋，在完成本职工作的同时，还撰写科普书和一些科普专栏；她性格活泼，说话常有"鲜"词，写出的科普作品趣味盎然；她懂得扬长避短，在知识储备还不够时，创造性地以童话的形式给孩子们写科普，而没走通常大师们才能写好的高端科普之路。这些，让她创作了这套《童话古生物》。

当然，花儿能开是因为有滋养她的土壤。王小娟拥有极其优越的创作科普论著的学术环境：中国科学院南京地质古生物研究所有众多优秀的古生物学专家，做出了大量具国际影响的学术成果，王小娟的科普写作得到了包括院士在内的科研人员的热情支持，甚至还得到了兄弟单位中国科学院古脊椎与古人类研究所同行的帮助。

作为王小娟的博士生导师，我虽然因她没有继续深入学术研究而觉得遗憾，但更为她能写出有特色的科普书而感到欣慰。据我所知，《童话古生物》系列书中除了这次出版的4册书外，还有其他的介绍我国著名化石宝库如热河生物群等的计划，希望读者们能喜欢她用心写的有趣又不乏科学性的故事。

中国科学院南京地质古生物研究所副所长

目 录

一 4D 片花

"天天，做噩梦了吧？"苏菲打开儿子的房门问道。

"嗯。"天天揉揉眼睛，"我梦见恐龙复活了！"

"你还真本事，我昨天晚上刚说根据 DNA 衰变周期，恐龙灭绝时间太久，无法进行克隆，你就做反梦了，呵呵。"苏菲说完不禁笑了笑，"赶紧刷牙洗脸，早饭我都准备好了，我们要早点去，舅妈还要赶着去上班呢。"

天天洗漱完毕，看到餐桌上的早餐肠、水果色拉和牛奶，不由一怔，竟然和自己梦到的一模一样，他三下两下喝完牛奶，对苏菲说，"妈，我不想吃了。"

"那我给你带上吧。"苏菲拿出两个饭盒，把早餐肠和水果色拉分别放好。

"咦？"天天看到饭盒，不会吧，和梦里一样的饭盒！

"放在你的小背包里吧。"苏菲从天天的房间拿出他出游时常用的小背包，正是梦里的那个！

等两人匆匆赶到古生物博物馆时，芊芊和她妈妈（天天的舅妈）已经在门口等他们了。

"天哪！"看到芊芊穿的衣服也和自己梦里梦到的一样，天天不由喃喃叫道。

他们互相打过招呼后，芊芊妈便先走了。博物馆的开门时间还没到，苏菲带着两个孩子从侧门去三楼的办公区。经过监控室时，看到门开着，里面有位老先生正在办公桌前整理资料。

"贾老师早！"苏菲打招呼。

"哎呀，天天，来看新展览的吧？"贾老师笑眯眯地问天天。

"是啊，还有我表妹芊芊。"天天的脑子里又闪过做的梦，不由神经兮兮地四下打量着，感觉不自在起来。

"怎么了？"贾老师问。

"没有……不是，贾爷爷，现在几点了？"天天语无伦次地问道。

"八点三十分。"

"八点三十分？"

"是呀，还有三十分钟才能看展览，是不是等不及了？"贾老师问，见天天若有所思地点了点头，便向两个孩子招招手说，"来，先给你们看样好东西。"

"是不是 3D 龙图？"天天的问题脱口而出。

"什么龙图？"贾老师没反应过来。

"喔——"天天舒了口气，"我随便问问，到底是什么好东西？"

"给你们看一个 4D 的片花，打发打发时间。"贾老师热情地说。

"好啊！"两个孩子都挺兴奋。

贾老师立即带着两个孩子到小影院。

"不用戴眼镜吗？"天天问。

"不用，我们的影院虽然小，但设备是最先进的。"贾老师答道。

很快，小影院的大屏幕亮了，出现两只口中长着一对长獠牙的怪兽。

"真的是 IMAX 的！"天天兴奋地叫道。

"傻哥，我觉得有些不对劲。"其中一只怪兽说。

"嗯，好像……"被叫"傻哥"的怪兽往周围看看，什么也没发现，便说，"笨弟，我们刚开小差，你就这么紧张，干脆还是回族群好了。"

"好啊好啊！""笨弟"连声赞成，"咱们赶紧回去吧，晚了就不好找大伙儿了。"

"唉——""傻哥"痛苦地叹了口气，"我就知道不该带你出来！你赶紧回去吧，我还要继续闯荡。"

"咱们是兄弟，我怎么能让你独自去呢，无论发生什么事，我

都不会丢下你，我说话算数。""笨弟"认真地说。

"喂，你们是什么动物？"贾老师站在两个孩子身后，拿着无线话筒大声冲怪兽问道。

"你听到什么了吗？""笨弟"紧张地问"傻哥"。

"喂，你们是什么动物！""傻哥"边答边四下张望，"哪条道上的兄弟，敢问能见个面吗？"

"妖怪！""笨弟"好像看到了天天和芊芊，撒腿就跑了。

"我们是什么动物……干嘛要告诉你们！""傻哥"好像也看到了天天和芊芊，眼珠一转，说道，"你们先告诉我你们是什么怪物？"

"人类。"天天答道。

"我们是来自未来的人类。"贾老师在一旁补充说。

"未来？在哪儿呀？""傻哥"抬头向天空张望。

"未来就是现在还没有来的意思，我们住在大约 5600 万年后的地球上。"不等天天和芊芊开口，贾老师就抢嘴答道。

"什么年？我都被你搞糊涂了，未来还是在地球上对吗？""傻哥"茫然地问。

"我们在的未来就是……明天的明天的明天的明天的明天的明天……一直到两百多亿个明天后的明天。"贾老师解释道。

没想到"傻哥"竟然眨巴眨巴眼睛，边说"晕"边示意明白了。

"现在可以告诉我你们是什么动物了吧？"贾老师问。

"好吧，我们是这个星球上最著名的动物：原——恐——角——兽！""傻哥"神气活现地自我介绍道。

"地球上最著名的动物是恐龙！"贾老师说。

"你说恐龙？它们已经被大自然淘汰了！现在可是哺乳动物的天下！""傻哥"一甩头，镜头定格了。

"贾爷爷，刚才您和怪兽的对话是不是预先设计好的？"芊芊问道。

"对对，你观察挺细致的，呵呵。"贾老师笑道，"感觉就像真的在和原恐角兽说话吧？"

天天和芊芊一起点头。

"这是我们做的实验片，今天会给观众们播放，然后请他们提意见，待会儿你们也要提意见，会有奖品哦。不过，现在快到展览时间了，今天是新生代哺乳动物特别展览的第一天，有很多有趣的形式，你们赶紧去，趁着人少，好好享受一下。"贾老师建议。

二 仿真古动物

　　博物馆的正门已经开了，两个孩子从正门边上的旋梯直接上二楼的特展厅。特展厅是环形布置的，入口和出口仅有两三米之隔。

　　"欢迎来到新生代！"

　　两个孩子刚进入口的门便听到招呼声，四下看看，一个人也没发现，你看看我，我看看你，都露出一副摸不着头脑的样子。

　　"你们好，我是这个展厅的古动物解说员，名叫多瘤齿兽。"

　　这次，两个孩子循着声音发现了说话的是一只有海狸那么大的"硕鼠"，趴在门右侧的一个小推车上。

　　"你……是？"天天皱着眉，迟疑地问道。

　　"我是仿真的多瘤齿兽，在这个展厅里做解说员。""多瘤齿兽"解释道。

"你的身体里是不是装了芯片？"天天盯着"多瘤齿兽"。

"是啊，你们人类真聪明呀，根据化石研究出我们的特征，还仿造出来，你看我像不像真的多瘤齿兽？""多瘤齿兽"问。

"说实在的，我根本不知道你说的什么多瘤兽，就觉得你像只大老鼠。"天天有些不好意思。

"你说得太对了，我们多瘤齿兽的形态特征和习性都和啮齿类相近，主要生活在中生代，有'中生代啮齿类'的称呼。"

"请问，这里是新生代的特展吗？"芊芊问。

"是，刚才我还没介绍完多瘤齿兽的历史。""多瘤齿兽"稍微停顿了一下后说，"多瘤齿兽类最早出现在中生代的晚侏罗世，在晚白垩世和新生代早期的古新世时最为繁盛，到渐新世时就全部灭绝了，延续的时间有1亿多年。早期的多瘤齿兽身体就像老鼠那么小，后期才逐渐增大。"

"你是说，你们这类动物在恐龙繁盛时就已经出现，恐龙灭绝后还繁盛？"天天问。

"是啊，我们也是新生代早期比较有代表性的动物。按照生物演化顺序和古生态环境等特征，新生代划分为古近纪、新近纪和第四纪，古近纪又可分为古新世、始新世和渐新世3个时间段，这个展厅里陈列的就是古新世，也就是新生代最早期的哺乳动物。""多瘤齿兽"说，"你们可以把我推到要看的化石和仿真动物跟前，我来做针对性的介绍。"

天天推着"多瘤齿兽"来到一块小骨头前，"多瘤齿兽"介绍道：

"这个带部分颊齿的不完整的下颌骨，是全棱齿兽的化石。"

"哎呀，只有块这么小的骨头，真没劲，要是有复原图就好了。"天天说。

"在材料不够充分时，是不会轻易做复原图的。其实中国古新世有代表性的哺乳动物化石挺多，有阶齿兽、全棱齿兽、牧兽、古柱兽、原恐角兽和假古猬等，但大部分材料都不足以做复原图。"在"多瘤齿兽"讲解时，天天慢慢把它推到一个化石骨架前。

"这是阶齿兽的完整骨架，发现于广东南雄，后面的背景上就是阶齿兽的复原图。阶齿兽是知名度比较高的古新世哺乳动物。""多瘤齿兽"继续说道。

因为展品少，古新世部分的展厅比较小，一眼就能看到始新世的标牌。在始新世的标牌前，立着一个像黄牛那么大的仿真怪兽，体型粗壮，大腿长、小腿短，脚宽阔，尾巴粗长，最奇怪的是长着一对很长的獠牙。

"这是什么动物，看着挺眼熟。"天天把"多瘤齿兽"推到仿真怪兽前。

"好像是刚才看到的原恐角兽。"芊芊小声说。

"对，这是原恐角兽，在古新世已经是非常大的哺乳动物了。这位也是这个展厅的解说员，不过是候补的。虽然它的四个脚下安着滑轮，但推着在展厅里走还是不方便，所以安排在后面，方便参观者问一些问题。""多瘤齿兽"说。

"那它怎么不像你这样能说话呀？"天天问。

"噢，可能没开，它的开关在屁股上，你试试。""多瘤齿兽"说。

天天走过去一摸"原恐角兽"的屁股，果然有个按钮，便试着打开了。

"嗨，大家好！下面我将竭诚为你们自我介绍最著名的古动物：原——恐——角——兽！如果有谁不听话，我就会用我的獠牙好好收拾他！""原恐角兽"的嗓门很大。

"等等，最著名的古动物是恐龙呀。"天天说。

"恐龙？那是过去时了，现在是新生代，哺乳动物的时代了！噢，欢迎来到哺乳动物时代！""原恐角兽"毫不谦虚。

"关了关了！""多瘤齿兽"说。

"什么……""原恐角兽"刚一开口，天天就把开关关了。

"其实恐角兽类的尤因它兽比原恐角兽有名多了。""多瘤齿兽"说。

"尤因它兽是不是头上有很多角的大块头？"天天比划着问，等"多瘤齿兽"回答完"是"，又接着问道，"为什么原恐角兽没有角？"

"还没演化出来呢，所以叫原恐角兽。如果你们要参观始新世部分，麻烦把我送到原来的地方。""多瘤齿兽"说。

"我来吧。"芊芊快速将"多瘤齿兽"归位，然后和天天一起走进始新世。

三 炎热的始新世

天天和芊芊一起沿着走廊往前走去，刚一进始新世的展区，就觉得一股热气迎面扑来，天天嘴里嚷嚷着："啊呀，是不是博物馆里的空调坏了呀，这里怎么这么热啊！"

芊芊也随之附和道："是啊，怎么比刚才热了？不过，你看空调好像是还在工作啊？"

两个孩子正在纳闷，突然听到贾爷爷的声音从后面传来，"哈哈，小家伙们，你们的感觉还挺灵！"

天天和芊芊回身看到笑眯眯的贾爷爷，连忙跑到他的身旁，七嘴八舌地问了起来，"爷爷，空调真的坏了？"

贾爷爷一面笑着，一面牵起孩子们的手往里走去，嘴里说道，"空调可没有坏，不过呀，这里确实要比别的地方热，因为这里是始新世啊！"

"啊？"两个孩子相视一看，被贾爷爷弄得更糊涂了，天天叫道："这和始新世有什么关系？"

贾爷爷停下来，摸了摸天天的脑袋，慢慢说道："因为啊，在古新世和始新世之交，咱们地球上发生了一次非常明显的气候变化，这是地质历史记录中出现最快、强度最大的一次全球变暖事件，地球温度迅速升高。"

"那……"芊芊若有所思地问道："这里是不是在模拟当时的气候？"

"太棒了，芊芊，一下子就被你说中了，始新世初期剧烈的升温致使当时全球的温度要比我们今天普遍高5~6℃，而且当时全球气候区域变化幅度也较小，从赤道到极地的气温变化幅度只有今天的一半，深海洋流则异常温暖。极地地区比现在温暖得多，温带森林已经扩展到了极地地区，同时多雨的热带气候区则延伸至北纬45°地区。因此，在始新世早期，地球上除了干旱的沙漠以外，地表完全被森林所覆盖。"

"爷爷，这么剧烈的气候变化，一定也让地球上的物种有很大的变化吧？"天天也不甘示弱地问道。

"对，对，在始新世地球上出现了许多新的物种，我们今天看到的许多现代哺乳动物，比如吃草的马、牛，树上爬的猴子，地上跑的老鼠等，它们的祖先可是生活在离咱们现在大约5500万年前的始新世。"

"对了，瞧我差点把正事给忘了！"贾爷爷拍拍脑门说道，"我来，是想告诉你们俩，我们馆里现在在始新世展厅增加了'时空隧道'，你们俩只要走进这个隧道就可以和远古的生物一起对话了。还有，一会儿博物馆里的讲解员小李姐姐会来。"

"太好了，太好了，我最喜欢小李姐姐了，她知道好多的事情，会讲很多有意思的故事，而且长得特别漂亮。"芊芊手舞足蹈地说着。

贾爷爷哈哈地笑了起来，"好了，快去'时空隧道'里走走吧！"

四 超小的德氏猴

天天和芊芊顺着贾爷爷手指的方向看到前方一个拱门上写着"时空隧道"，两个孩子连忙跑了过去。怎么黑洞洞的？正在犹豫时，四周慢慢亮了起来，一个声音传来："欢迎来到时空隧道，欢迎来到始新世。"

"哇！"天天和芊芊不由地叫了起来，眼前是一片清亮亮的湖泊，许多形态各异、不知道叫什么名字的动物在湖边喝水、休息，湖边是茂密的丛林。

"天天，你看那棵树上有一个长着大眼睛，圆头圆脑的动物正在那里冲咱们做鬼脸呢。"说话间，芊芊伸出手向前指去，不想手

指碰到了屏幕，小动物一下动了起来，蹭的一下从树上跳了下来、在地上打了一个滚，说道："大家好，我叫'亚洲德氏猴'，是你们的亲戚。"

"你是猴子？我们的亲戚？那怎么这么小？你从哪里来？"吃惊之余，天天连珠炮般地发问。

"我是猴子！跟我来，我会慢慢告诉你们关于我的秘密。"说着，小猴一下跳到一片红色的岩层上，"这里就是我的家，湖南衡东盆地始新世的红层，当时我被包裹在硬邦邦的围岩中，所以保存了近于完整的头骨和几乎完整的上下牙。当然，也正因为如此，科研人员花了将近两年时间的精心修理才让你们看到了我的庐山真面目。"

"你长得也太小了吧！"芊芊一脸不信任地看着小猴。

"小？现在的我可是放大了许多倍的呢，真正的我身长只有2.5厘米、体重大约28克，能在你的手上翻跟头呢。不过你可别因为我小而小瞧了我，我已经和你们现在在动物园里看到的大猴子，在形态上非常接近了，目前是人类发现的最早的真灵长类动物。而且，过去古生物学家一直认为，从白垩纪到渐新世这段时间里，当时的动物必须翻过白令海峡，横穿北美，再跨越格陵兰大陆桥，才能从亚洲迁徙到欧洲，反之亦然。可是，现在因为我和法国发现的比利时德氏猴长得特别像，而与美洲德氏猴差别更多一些，科研人员推测也许在始新世的某个时期，从亚洲到欧洲的旅行，并不像人们以前想象的那样需要跨越千山万水。"亚洲德氏猴不服气地说着。

天天和芊芊边听边点头。

"抱歉，看来是我们搞错了。"芊芊不好意思地说。

亚洲德氏猴眨眨眼睛说：“没关系，下次你就不会不认识我了，其实不光有我，咱们国家的江苏溧阳和山西垣曲也分别发现了灵长类'中华曙猿'与'世纪曙猿'，他们的名气也不比我小。”

“这么说，始新世是你们灵长类的时代了，就像恐龙在中生代一样。”天天说。

亚洲德氏猴连忙摇头道：“那你就错了，奇蹄类才是始新世真正的优势类群，你们快去找找吧，说了这么久，我也饿了，该回去找吃的了，下次再见。”

亚洲德氏猴扭身钻进了丛林里。

芊芊眷恋地望着小猴远去的背影，天天拽拽她，说道：“走吧，咱们找奇蹄类去。”

“好吧，不过你认得奇蹄类吗？”

“这有什么难的，咱们现在看见的马、犀牛，还有上次去动物园你说身上太臭的貘，这些都是奇蹄类啊！”

“什么，犀牛也是奇蹄类，它不是牛吗？老师不是说牛是偶蹄类的吗？”芊芊叫道。

“哎呀，你以为名字里有牛就是牛啊，那'河马'也不是马，'鲸鱼'也不是鱼啊，你可小心别被它们的名字给骗了。”天天认真地瞪大了眼睛。

正说着，芊芊一把拉住天天，“你看那个长着长鼻子的是什么？肯定不是大象，大象的鼻子比它的长。”

这次有经验了，天天忙用手指点了下那个动物。

五 长鼻子的施氏貘

"你们好，我是施氏貘啊，要是你们不认识我，那一点也不奇怪！现在的貘太少了，只有马来貘和美洲貘，不过在始新世我的兄弟姐妹可是广泛地分布于欧亚大陆和北美洲。"

"想起来了，我们上次去动物园看到过马来貘。不过你怎么比动物园里的貘小那么多呢，你是个小宝宝吗？"天天不解地问。

"当然不是了，我可是它们的爷爷的爷爷的爷爷辈的呢，长得矮小是我们始新世初期哺乳动物的普遍特征。不光我，始新世初的始祖马、貘犀、雷兽、爪兽，还有古新世的一些动物到了始新世体重也减了近一半呢。"

"这是什么原因啊？和贾爷爷刚才告诉我们的始新世初期的全球升温有关系吗？"天天忙问。

"这个呀，我真的不知道该怎么回答你，因为科学家们对此也有多种解释。有人说温度的升高导致了我们的个体矮小化，因为同种类型的脊椎动物，生活在温暖气候或者低纬度地区的个体要比在寒冷气候或者高纬度地区的小；有的学者根据对食草昆虫的研究，认为大气中二氧化碳浓度的增加影响了植物的营养和动物的消化，从而间接导致了食草动物个体变小；有的学者又说早始新世被捕食者个体变小导致大型哺乳动物矮化。反正，我是弄不明白了，等你们研究明白了，再来告诉我是怎么回事吧！"施氏貘说完还缩了缩鼻子。

天天和芊芊听得有点懵了，不过芊芊却被施氏貘那能伸缩的鼻子给吸引了过去，"你的鼻子能动？"

　　"是啊，虽然我的鼻子没有大象的长，不过它可以自由地伸缩，帮助我缠绕小的植物茎干或者其他的东西。" 施氏貘说，"其实每个动物都有自己的特别之处，你们看，在那边沼泽里，有个头上长着个大鼻子的家伙，我还挺羡慕它呢。"

六 鼻子特异的雷兽

天天和芊芊顺势望去，只见不远处有一片水草丰美的沼泽地，一个大块头的家伙正在一块空地上睡觉呢。芊芊手快，一下子抢在天天前面碰了屏幕，大怪物慢慢地苏醒、站了起来，憨憨地朝他们看了看，这家伙身高足有2米，体长也有3米。

"你们好，我是来自内蒙古的蒙古鼻雷兽。"怪物瓮声瓮气地说。

"你也是奇蹄类？"芊芊问道。

"对，我们奇蹄类一共五大类，包括马类、犀类、貘类、爪兽类和雷兽类。现在你们只能有幸见到前三类动物的代表了，至于爪兽类和我们雷兽类，只能到古生物博物馆里来和我们见面了。"

"你为什么要叫雷兽？难道和天上的雷有关系？"芊芊接着问。

"我的名字来自古老的美洲印第安人神话，传说每当电闪雷鸣、大雨倾盆的时候，就有神秘而庞大的动物从天而降，在广阔的北美大草原上追猎野牛，我们便因此得到了'雷兽'这个名字。当然这只是神话，我可不吃肉，和其他奇蹄动物一样，我是吃植物的。古生物学家怀疑，之所以产生这种传说，很可能是因为一场大的雷雨过后，地层中埋藏的雷兽骨骼化石被雨水冲刷了出来，迷信的印第安人便把我们与雷雨联系起来，并产生了这种带有神秘色彩的传说。"

"刚才施氏貘说它很羡慕你的鼻子，你的鼻子有什么特殊的吗？"天天也抢着问。

"那肯定是它羡慕我在水里的时候也能自由呼吸。"蒙古鼻雷兽说道。

"你有特异功能？"天天猜道。

"我的鼻子鼻骨很长，前面往上翘，骨质鼻孔分成了上下两个孔，上孔很小，下孔很大。外鼻孔很长、很窄，中下部可以收缩闭合。当我把头埋在水里的时候，可以收缩鼻孔的中下部，使其闭合，防止水从鼻孔里进入；而上部仍然露在水面上，可以通过上孔自由地呼吸。当头整个露出水面时，鼻孔的上下孔完全开放呼吸。"鼻雷兽解释道。

"怎么没在你的头上看到角呢？我记得在游戏里的雷兽头上都有角啊，很厉害的武器。"天天叫道。

"是的，很多雷兽的脑袋上都会长个大角，比如北美发现的王雷兽，蒙古发现的大角雷兽，不过是不是很厉害的武器还不一定呢。

因为我们雷兽的角其实是鼻骨的一部分，它们都是形态各异的中空组织，表面覆盖有皮肤。就像大角雷兽的角，虽然大、但是空心易碎，拿它当武器肯定得打败仗。"

"你不是奇蹄类嘛，刚才怎么躺在那里睡觉啊？马不是站着睡觉的吗？你在偷懒吗？"天天问。

"我可不是偷懒，古生物学家根据我保留下来的骨骼，发现我的四肢骨骼跟马比起来缺少了很多有利于站立的机械装置，比如我的前肢没有发达的二头肌来制约腕、肘和肩关节的活动机能。为了支撑笨重的身体，我身上的肌肉常处于紧张状态，要消耗很多的能量，所以我得经常躺下来休息，来保证精力的恢复，而不能像马那样站着睡觉。"

"不管怎么样，你们长得又高又大，又有这么多看家本领，怎么最后灭绝了呢？"芊芊好奇地问道。

"哎，别提这伤心事了。我们雷兽在最开始的时候个子并不大，身体灵活，善于奔跑；中始新世的时候，仅在咱们中国我的兄弟姐妹就不少呢，有原雷兽、后沼雷兽、曲阜雷兽、大角雷兽等20个属30多个种；到了晚始新世，我们越长越大、越长越高，成了肩高两米，体长四米的巨型动物。长得大就得吃得多啊，但是我们的牙齿仍然是原始的低冠齿，这种低冠齿只能吃较嫩的植物，所以当始新世末大片硬草草原出现的时候，我们的灭绝也就不可避免了。算算我们的历史前后也就只有2000万年。"

"看来长得又高又大也不一定是件好事，要是现在地球上发生什么事情，没准咱们小孩比他们大人有优势呢。"天天得意地说。

正在这时，突然听到有人在叫，"天天，芊芊，你们在哪里？"。

"有人在叫咱们，谁啊？"

"好像是小李姐姐的声音，快出去看看。"芊芊一边说，一边朝着出口的方向跑去。

"小李姐姐，我们在这呢。"芊芊愉快地叫着。

"原来你们俩跑到'时光隧道'里去了，怎么样？觉得有意思吗？"讲解员小李边说边拥住跑过来的芊芊。

"可有意思了，我们跟好多动物对话了呢，它们告诉我们好多发生在它们身上的事情。"

"我们还没看完呢，还有好多动物我们都没来得及和它们说话。"天天也过来，冲着小李说道。

"是啊，始新世在地质历史中有近2000万年的时间长度，其间繁衍生息着非常丰富的哺乳动物，你们都和谁聊天了？"小李问。

"我们见到了德氏猴、施氏獏，还有雷兽。"

"不错啊，你们和好几个知名的动物见面了，当然这只是始新世里很小的一部分，在始新世还有非常多的啮齿类、食虫类、肉食类等，还有后来慢慢强盛起来的食草动物偶蹄类，不过这时候的偶蹄类只能占据一些边缘的生态位艰难度日，正是这样它们开始了复杂的消化系统的演化，从而能够以低级食料为生，为日后打败始新世里数量众多、种类繁多的奇蹄类做好了最初的准备。"小李话题一转，说道，"不过，现在我建议你们先去渐新世，我们在那儿准备了一场有趣的比赛。"

七 渐新世的比赛

天天和芊芊同小李一起往渐新世的展厅走去，边走边嚷嚷着："姐姐，快告诉我们到底是什么样的比赛啊？"

"是有很多人和我们一起比吗？"

"是比跑步？还是爬山？还是找化石？"

两个孩子兴奋地你一言我一语，小李完全插不上话。

一会儿工夫，到了渐新世展厅的门口，小李拍拍手，示意两个孩子安静，然后说道："我先给你们俩介绍介绍渐新世的一些基本知识，可要听好了！一会儿比赛中有很多的问题可以从我的介绍中找到解答的线索。"

小李带着天天和芊芊来到了一个展板前，展板上图文并茂写了许多关于渐新世的知识。

"渐新世的延续时间有大约1千万年，在地质历史上并不很长，但它却是一个重要的过渡时期，是连接炎热古老的始新世和生态系统更具有现代特征的中新世的纽带。你们刚才在始新世的展厅参观，发现那里的气候有什么不同吗？"小李问。

"很热，贾爷爷告诉我们始新世初期有全球性的升温。"芊芊抢着答道。

"对，始新世的时候有大的全球升温，在渐新世的时候，全球的气候也有明显的变化。"小李说。

"又变热了？那不热死了？"天天嘀咕道。

"这次可不是变热，是全球的大降温。在始新世与渐新世之交全球气候开始变冷，导致了南极大陆冰盖的出现、全球海平面大幅快速下降，地球的气候从过去的'温室'进入了'冰室'，跟着全球的生物也来了个大变样。"小李缓缓道来。

"哎呀，太神奇了，地球上的温度一会儿变热，一会儿变冷，为什么会这样呢？"天天不解地问道。

"是啊，这也是科学家们正在努力探索的问题。现在有很多的关于气候变化的假说，这些假说将洋流变化、二氧化碳浓度降低和全球碳循环变化、火山活动、天体撞击、地球轨道参数变化等因素与渐新世初期的气候变化联系在一起。当然，这个复杂的问题现在还没有一个完全统一的认识。"

"你们看这里，"小李姐姐指着展板上的植物，"有没有觉得这些植物的叶片要比始新世的小一些啊？到了渐新世植物中出现了很多松科的针叶化石，被子植物也以温带落叶植物为主了，草原也开始在全球扩张，而始新世的热带阔叶林则萎缩到赤道一带去了。"

"我知道了！"天天抢道，"小的叶片也是植物适应寒冷气候的一种表现。"

"那动物是怎么变的？怎么适应气候变冷的？"芊芊问道。

"嗯，我们刚才不是说到了要比赛吗？今天比赛的问题全都是围绕着渐新世哺乳动物展开的。我这里有一些小彩旗，每个小彩旗上都有一个小问题，谁拿到了旗子就在馆里面找答案。"说着小李拿起一面旗子，拆下系在上面的丝带、展开旗子，只见旗子上写着一些字，想来应该就是问题了。

"像寻宝一样？"芊芊问。

"对，就像寻宝，这里每个动物身上都有一个孔，这面小旗子是可以插在那个孔里的。如果你的问题和你找到的动物相匹配，那么插上小旗子之后，那个动物就会动起来或者叫起来。如果不对，那就不行了。"小李给两个孩子解释完，摇摇手里五颜六色的旗子说，"现在领旗子，答对了有奖哦！"

天天和芊芊各自从小李手里挑了几面不同颜色的旗子。

"好了，快去找答案吧，看谁插对的小旗子多，半个小时后我们在这里汇合。"小李说。

天天和芊芊赶忙打开自己手中的旗子，分别看到"请找出世界上出现过的最大的陆地哺乳动物"和"请找出渐新世最多的动物"。

两个孩子还有点摸不着头脑，左顾右盼地朝展厅展示着的形态各异的动物们身边走去……

半个小时很快就过去了，天天和芊芊一路小跑，回到小李的身边。

"我找到了1个。"

"我比你多一个，我找到了2个。"

他们俩兴奋地报告着自己的战果。

"真棒！"小李向两个孩子竖起大拇指，"一会儿就给你们俩领大奖，不过要先带我去看看你们都找到了什么，OK？"

八 世界上最大的陆生哺乳动物

"跟我走，我找到了世界上最大的陆生哺乳动物。"天天一把拉着小李的手，拽着她朝前走去。

三人走到一个巨兽的面前，只见巨兽腿上插着一面旗子，天天冲上前，拔出旗子重新插了进去，巨兽的前蹄一下抬了起来在空中刨了刨。

"很好，天天，你找到的的确是世界上出现过的最大的陆生哺乳动物，那你能告诉我们一些关于它的信息吗？"

天天想了想说道："它的名字叫巨犀，是奇蹄类，其他的我就不知道了，我只是在馆里转了一圈发现它最大，就拿旗子试了一下，发现它能动。"

"没关系，你说的都对，巨犀的确是我们现在知道的世界上最大的陆生哺乳动物，现在展出的是发现在我国新疆哈密的美丽巨犀，科研人员根据它们保存下来的牙齿、头骨、肢骨等化石材料，进行了很多研究，认为美丽巨犀的头加上体长能达到7米多，体重估计有15吨左右。当然，这还不是巨犀里最大的，根据现在的化石证据，最大的巨犀体长约8米，肩高5.28米。对了，你们谁能告诉我现在陆地上的哺乳动物中谁最高大？"

"大象，长颈鹿，鲸鱼，犀牛……"天天抢道。

"不对，鲸鱼是生活在海里的，不能算。"芊芊说。

"对，我们来看看，一说到长颈鹿，大家一定会想到它们高昂着头，优雅踱步的样子，但长颈鹿的肩高仅为 2.5 到 3.7 米，体长只有 3.8 到 4.7 米，比巨犀矮了好多。非洲象被称为陆地上最大的现生哺乳动物，它的肩高也只有 3 到 4 米，体长 6 到 7.5 米。说到鲸，的确有的要比巨犀大，不过芊芊说得对，它在水里。所以，很显然巨犀比我们今天看到的这些大动物大了不知道多少呢，是当之无愧的陆地上最大的哺乳动物。"

"那一开始巨犀就长这么大吗？"芊芊问道。

"那倒不是，目前我们知道的最早、最原始的巨犀是沙拉木伦小巨犀，它的身材和现代的长颈鹿相近，肩高不过2米，体长约3.5米，并不是很大。到了始新世后期巨犀的个头才快速增长，迅速演化为身材高大的犀类，成为适应于摄取高树上的树叶和果实这一特殊食性的霸主。大巨犀在适应摄食树冠部分食物的竞争过程中，随着摄取的食物越来越多，腹腔变得越来越大，支持腹腔的四肢也会越来越粗重，最终演化为陆地上最大的哺乳动物。"

"我们一起来想想长得大有什么好处和缺点吧？"小李提议道。

"长得大就跑得慢了。"

"长得大就必须要吃很多的东西。"

"长得大，别的动物就打不过它。"

"你们说的都很对，我来总结、补充点，体型增大的一个优点是可以减少体内热量和水分的流失，这有利于它们应对可能遇到的干旱和较冷的气候条件。另外，在对抗食肉动物的侵袭方面庞大的身躯也有一定的优势。但体型庞大也会带来不利，比如灵活性的丧失，食物需求量大，繁殖困难等。"

"那为什么同样吃草的牛、羊、鹿中体

型巨大的就没那么多呢？它们不会也多吃一些吗？"芊芊问。

"你说的这些羊啊，牛啊，它们都是反刍类的，虽然都是吃草，但它们的消化方式是不同的。反刍类是以其复杂而分化的胃作为主要的发酵器官。受到胃的容积限制，反刍类摄取食物的数量不能太多，进食的时间也相对较短。而奇蹄类的食物发酵过程很大一部分是在扩大的盲肠中进行的，由于盲肠之前的胃和大肠的容量大，奇蹄类可以较长时间地摄取食物，摄取的食物量也较大。吃的又多，时间又长，怎么能不长大呢。"小李看着芊芊说道，"好了，关于巨犀我们说得够多的了，芊芊你找到的是什么，带我们去看看你的旗子在哪里吧。"

九 渐新世最多的哺乳动物

"我找到的可是渐新世里最多的哺乳动物。"芊芊说话间，把大家领到了一群形态各异的小动物的身边。

"不会吧，居然是它们！"天天一副不信的样子。

"当然是它们了，不信你找找看渐新世的展厅里还有谁会比它们多。我可是数了好几遍的。而且我的旗子插上去会有音乐响起！"芊芊的语气十分肯定。

"芊芊找的没错，渐新世里数量最多的就是你们找到的啮形类了。"小李说。

"我只知道啮齿类，老鼠就属啮齿类，可……什么叫啮形类啊？"天天疑惑地问道。

"啮形类包括了啮齿类和兔形类两大类。原来动物学界一直争论鼠和兔有没有亲缘关系，直到 70 年代在安徽潜山发现了兔形类的祖先——模鼠兔，才算确认了鼠和兔的亲戚关系。"

"我知道，我知道，兔子和老鼠都有大门牙。"芊芊兴高采烈地说。

"芊芊真聪明，兔和鼠是都长有一对无根的大门牙，不过兔类在大门牙后面还有一对小门牙。"

"我记得奇蹄类在始新世的时候是最厉害的，而且它们长得都又高又大，怎么到了渐新世给小老鼠打败了呢？"天天问道。

"至于为什么这些耗子啊，兔子啊，成了地球上的霸主，这个可是有依据的。科研工作者们分析了蒙古高原发现的 33 个始新世至渐新世的哺乳动物群后，得出结论：在始新世温暖湿润条件下生活着的众多大型奇蹄类，一下子被适应干冷开阔草原的小型啮齿类和兔形类为主的动物群所代替。他们认为，这一突变恰似重新建造了一个新的蒙古高原动物群，所以还取名叫'蒙古重建'。而改变地球上生物面貌的原因就是刚才我们说到的渐新世初期全球的气候变冷。"小李详细地解答天天的问题。

"那地球上其他地方的生物也像蒙古高原上一样发生了大变化吗？"天天又问。

"是的，渐新世初期欧洲的动物世界也完全变了样。始新世时欧洲西部多为海水包围的半岛，在渐新世初，因海水退出连成大陆后，动物群也发生了惊人的变化。原来生活在西欧半岛上的晚始新世土著的哺乳动物有 60% 消失了，取而代之的主要是从亚洲迁入的新种类：如奇蹄类中的跑犀、两栖犀、真犀和爪兽；而偶蹄类则全部为外来的巨猪、石炭兽和鹿型动物所取代。原来欧洲特有的兽鼠等啮齿类也被松鼠、河狸、仓鼠和兔子等给挤跑了。早在 1909 年，瑞士古生物学者斯泰林就注意到欧洲这一重大生物演化奇观，并称之为'大间断'。"

"咱们现在啮齿类也挺多的吧？上次爸爸带我去宠物市场，我就看到好多可爱的小老鼠。"芊芊说。

"是的，现在啮齿类也占到了当今世界哺乳动物属种的 40%。鼠类个体数量更是多得惊人，据说世界上每 6 个哺乳动物中就有一个是鼠。鼠类生活在除南极以外的世界每个角落，在陆上有跑的老鼠，跳的跳鼠，地下挖洞的鼢鼠；有生活在水里的河狸，还有树间飞的鼯鼠。它们的繁殖力大得惊人，适应环境的能力也特别的强。如果人类不珍惜、不爱护自己的生存环境，那也许若干年之后地球就是它们的天下了。"

十 走路像猩猩的爪兽

"好了，找到了陆地上最大的哺乳动物，找到了渐新世时称得上霸主的啮形类，你们还找到了什么？"小李问道。

"我找到了像大猩猩一样行走，像熊猫一样吃东西的动物。"天天仰着脸得意地说。

"熊猫是吃竹子的，大猩猩走路是这样！"说着芊芊双手奋拉

在胸前，深一脚浅一脚地学着大猩猩走路的样子，逗得小李姐姐和天天哈哈大笑。"可是，谁又吃竹子又会这样走路呢？"

"说它和熊猫一样吃东西，并不是指它吃竹子，但是它也是个地地道道的素食主义者，到底这家伙长什么样，让天天带咱们去看看吧。"小李姐姐解释道。

三个人走到了一个动物的面前，只见它后肢站立，右侧的前肢搭在一棵大树的树干上，左侧的前肢撑地。

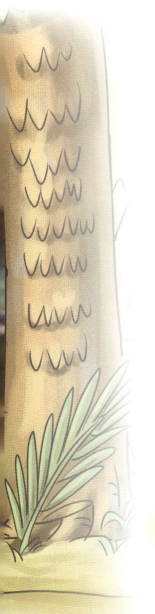

"快看，它怎么还有爪子呢？"芊芊吃惊地叫了起来，"不是老虎、狮子这些凶猛的食肉动物才有爪子嘛，咱们刚才说的这些吃草的牛、羊、鹿、马不是都长蹄子吗？"

"对，这就是奇怪的'长着爪子的素食动物'。"小李说道，芊芊被弄得更糊涂了。

小李看芊芊一脸的茫然，解释道："这种动物叫爪兽，它属于奇蹄类，但又和其他的奇蹄类都不同，它们的远端趾节骨特化成为我们现在看到的爪。科学家们对爪兽的认识也是经历了很长时间，直到在北美洲和欧洲发现了保存近乎完整的骨架，才弄明白是怎么回事。对于它们的爪子到底是干什么用的，也曾有过不同的认识，有人说爪子是用来挖掘植物的根茎作为自己的食物，有人说是用来挖水喝，后来通过对爪兽骨骼形态的研究，认为爪兽可以用它的后肢支撑起身体，用长长的前肢和钩子一般的前爪，把高处的树叶钩下来送到自己的嘴里。就像我们现在看到的这个样子。"

"那长着爪子，怎么走路啊？"好久没有说话的天天问道。

"爪兽走路的时候，它的爪和其他的趾骨会向上抬起，不和地面接触。为了保护它们吃饭的家伙，走起路来一定快不了，加上它们的前肢都要比后肢长，所以那样子和大猩猩应该是很像的。"这回小李学起了猩猩走路，三个人又笑得前仰后合。

时间过得真快，已经到了吃中午饭的时间了，小李说："好了，天天、芊芊，比赛结束了，现在我们要发大奖了！"两个孩子听到这，立马欢呼了起来。小李拿出几个仿真动物，天天和芊芊各自挑了一个喜欢的，拿在手里左看右看，爱不释手。

十一　午休

"吃午饭了！玩具都先交给我保管！"苏菲用袋子拎了盒饭过来招呼两个孩子和小李，四个人一起去休息区的茶座边吃午饭边聊起来。

"天天，这次期末考得怎么样？"小李问。

"老样子，还是不行，连前10都没进。"苏菲答道。

"12名，已经是我们班男生中的No.1了！"天天赶紧补充。

"连前10都没进，还好意思拽，呵呵！"看见儿子冲自己做鬼脸，苏菲忍不住乐了，"记得我上小学时有一次考了第8名，幸好你舅舅帮我撒谎说考了第3，才没给你外公骂个狗血喷头！"

"天呀，你和我爸就不怕我爷爷知道？"芊芊惊叫。

"有点怕，不过，那时还是封闭社会，家里连电话都没有呢！"苏菲解释。

"有这等好事！太爽了，我要是生在那个没电话的好时代，现在就可以告诉你我考第2名了。"天天羡慕地说。

"撒谎可不好，我就那一次，别的时候我考得都很好的，就和芊芊差不多。唉——"苏菲叹了口气，"我们家都是女生学习成绩好，男生学习成绩差。"

"不是我们家，别家也这样，现在学习成绩好的大多数都是女生。"天天纠正道。

"我们上学的时候，男生和女生成绩差不多，高中的时候男生成绩好的还多些呢。"苏菲说。

"不会吧！"天天觉得难以置信，"你看我们家，老妈是博士，老爸才本科，舅妈学习也比舅舅好，芊芊也比我厉害，所以我以为女生天生就比男生会学习呢！"

"所以要学历史，你看我们单位那么多名校生，有几个是女的？"小李反问道，"不过我上学的时候，女生成绩好的已经比较多了，这就叫三十年河东，三十年河西。"

"小李，中午你也要休息一会儿吧？"苏菲问。

"嗯，我要不眯一下，整个下午头都疼。"小李不好意思地笑笑，"不过我今天中午还要画张图。"

"哎呀，那我们没人管了！"天天叫起来。

"中午有中新世的娱乐节目，超级棒，你们肯定喜欢！"小李按捺不住兴奋。

"你们这儿还有娱乐节目呀？哪儿能玩？"芊芊吃惊地问。

"现在图书馆的电脑上可以玩，过几天就可以上线玩了。"小李解释，"我们刚开发了关于三趾马演化的新游戏，还希望多提宝贵意见哦。"

"太好了，我要玩！"天天激动得嗓门提高了八度，见苏菲瞪了一眼自己，忙嬉笑着轻声问，"老妈大人，您同意吗？"

"就知道玩游戏！唉——"苏菲又叹了口气。

"妈，我已经很久不玩了，连电脑都快不认识了！"天天皱着眉，苦着脸，哀求地看着苏菲，"您就行行好，让我玩会儿吧。"

"本来我还想让你们看看我们要做的4D科普片的故事，提提意见的。"小李说。

"像《白垩纪公园》和《重返二叠纪》那样的吗？我可没兴趣。"天天问。

"不是，这次做的是动画片，名叫《小原河猪学艺》。以前做的关于澄江生物群、热河生物群的3D科普片，反响都没有预期的好，所以这次我们要做山旺生物群时，就考虑做成孩子喜欢的动画片形式，看看效果如何。"小李说。

"我早就跟我妈说过要是做成《冰河世纪》那样的动画片，肯定特受欢迎，是吧？"天天转向问芊芊。

"我也非常喜欢《冰河世纪》。"芊芊点点头。

"不过我们只是想申请经费做做小片子，还没有做大片的能力，呵呵。"小李笑起来，"你们愿意帮忙看看，提提意见吗？"

"不愿意。"天天毫不犹豫地答道。

"我愿意。"芊芊忙说。

"还是芊芊好，待会儿跟我到办公室去看看，有美味零食奖励哦。"小李高兴地冲芊

芊做个 OK 的手势，"对了天天，下午我要给大家做讲解，是在新近纪部分安排的一个古植物化石展览，你们俩都要来给我捧场哦。"

吃过了饭，小李拉着芊芊去自己的办公室看故事。

"你看稿子我画图！"

小李让芊芊坐到沙发上，打开一个装了各式水果、点心的袋子放到沙发上，然后才递给芊芊几张稿纸。

芊芊也不客气，拿起一个苹果，跑到洗手间洗干净后，坐到沙发上边吃苹果边看起了故事。

不一会儿芊芊就看完了，翻翻稿子，确定没有了，便对小李说，"怎么这么短呀？"

"短片嘛，怎么样？有意思吗？"小李问。

"挺好玩的，要是有图就更好了。"芊芊想了想说，"不过有点短，看了不过瘾。"

"绘本正在做呢，不过针对的是比你稍微小一些的小学生。"小李解释。

"干吗不针对我们呀，我们也看绘本的！"芊芊翻翻眼睛。

"那等书出版了送你一本，算是你帮我看稿子的报酬。"小李笑起来。

"就这么定了！小李姐姐，没别的事的话，我想去找天天了。"芊芊说着站了起来。

"要不要我带你去？"小李问。

"不用！"芊芊边说边起身，一路小跑去图书馆。

十二 游戏

芊芊到图书馆后，发现天天不在，便先在一台电脑前坐了下来，准备玩游戏。

"游戏"的图标在电脑桌面的正中，很显眼。游戏图标下面是一个"闯关练习题"的文件。

芊芊想了想，先打开"闯关练习题"。这时，天天不紧不慢地走了过来。

"你去哪儿了，怎么没玩游戏？"芊芊问。

"刚出去吃了杯冰激凌。"天天反问道，"你干吗呢？"

"我正在玩练习题。"

"练习题？"

"一些基础知识的问答，要基本答对了玩游戏才能过关。"

"扯吧！"天天不屑地说，"我来玩给你看看！让开！"

天天点开游戏，屏幕上出现一望无际的草原，悦耳的合成声音响起："本游戏主要介绍和政动物群中的距今1000万年的三趾马族群的演化史。"

接着，一群长相并不像马的动物由远而近奔来。

"这真的是马吗？"两人惊讶地看着。

"我猜它叫迷你马。"天天开玩笑说了一句。

屏幕上出现了一行字：始马，是马的演化阶段中的第一步，其状似狐狸，背部弯曲，前肢具4 趾，后肢有3 趾，以吃树叶和嫩枝

博物馆的一天

为生，前肢可撑着树干将身体直立起来，觅食高处的食物，行动机警。因森林中猛兽变多，加上气候趋于干旱，草原面积增大，始马便来到草原发展。

接着游戏界面便显现了出来，画面左边出现了几个按钮：身高、趾数、消化能力、骨骼发育（利于奔跑）。

天天想了想，按下"骨骼发育"和"消化能力"，然后点了确定。画面变化，屏幕上的始马开始按照天天的选项变化，但是没多久草场开始变得稀疏，而马本身则是经常在吃草时被猎捕，不久便消亡了。

"为什么啊？"天天很不满，"跑得快，吃得多怎么还不行？"

"大概是因为长得太矮了吃草的时候看不见四周吧？"芊芊分析道。

屏幕上出现了一行字："消化系统演化会使得马所需的草场面积增大，进一步挤压生存空间。"两人信服地点点头。

于是两人重新开始，这次天天选了"身高"和"骨骼发育"，正要点确定，芊芊说话了："如果趾头太多是不是会影响奔跑速度呢？"

"为什么这么想？"

"现代马只有一个脚趾，我猜可能趾数越少，马跑得越快吧？"

天天想了想，觉得芊芊说得挺有道理，便把趾数也选上了。

这回进展相当顺利，始马群在大草原上平稳地演化发展着。很快，第二阶段来了。这次出现的可选项目则是：尾巴长度，颈部长度，视力，快速消化。

天天一看来劲了："这尾巴长度肯定得选！我听老师说，牛尾巴可以赶苍蝇，马尾巴长了一定也可以！视力嘛，当然是看得越远越好了啊！消化么，刚才电脑上不说了不行吗，那就显然不要了！"

噼里啪啦一阵，天天极为自信地按下了确定。一旁的芊芊觉得哪里不对，但又说不出个所以然来，也就没有阻止。

天天自信满满地等着马群"健康成长"，然而事实并没有随他的心愿。马群的数量越来越少，并且整个族群都显示出一种病态。不久，所有的马便消失殆尽，屏幕出现GAME OVER。

"这不应该啊？"天天急了，"我选的地方哪里错了吗？不是说吃得太多占空间吗？难道它们不需要赶苍蝇吗？"

芊芊想了想，小心地说了出来："马还是跑动的时候比较多吧，那它们可能就不用担心苍蝇之类的虫子了。至于其他的，我想长了那么大的个子，会不会比较难低着头吃草？"

"那么那个颈部长度的就要点起来喽？"天天回头问芊芊。

芊芊犹豫了一下点点头。

再次尝试。接连两次失败让二人谨慎了许多，选上了"视力"和"颈部长度"后，天天迟疑了一下，也把"快速消化"点上了。两人提心吊胆，担心再次出现一着不慎满盘皆输的悲剧情形。不过预想的悲剧并没有发生，反而是顺利演化了。

天天高呼一声，欢欣雀跃。而芊芊则怀疑地问道："为什么选快速消化没事呢？"天天也愣住了，是啊，刚才还说不行的，怎么又可以了？难道说这个时候草的生长速度也变快了？

像是要解决两人的疑问似的，屏幕上再次出现了字："本游戏攻略已完成半数，请再接再厉。另外，由于体型的增长，进食量增大，所以高效的消化是必需的。"两人这才恍然大悟。

屏幕上的马已经和现代的马体态上很像了，不过细微之处和体型大小上还是有着不小的差异，最明显的还是它依然有着三个脚趾，当然，中趾更突出一些。

芊芊想到了什么："那么，为什么脚趾的数量不继续减少了呢？"

"三趾马么，当然是得有三个脚趾了！"天天洋洋得意。

"这个我当然知道，不过现代马可没有这么多的脚趾。"天天

一下被问得哑口无言，赶忙道："后面一定有解释的，我们接着玩吧！"

第三阶段，出现的选项已经少了一些，只有3项：平直脊椎，增加脑量，口器演化。

"平直脊椎？难道现在的还不平吗？"天天盯着这个对他来说十分可疑的选项，"增大脑量的话应该就是变聪明了，口器的话应该指的是牙齿吧，让马吃草更方便？听上去不错……"

天天先勾上了"增加脑量"和"口器演化"两个选项，想了一下。

"平直脊椎？听妈妈说脊椎很重要的，没事不能随便动，看来是不选了。嗯，不选了！"天天一边说服自己，一边按下了确定。

演化进程接着推进，不过，两人都发现很多马跑着跑着就猝死了，使得马群在逃避天敌的时候，大量减员，最终在这个不停地被消耗的过程中渐渐灭亡……

"为什么会突然死掉啊？"天天很不满，眼看自己辛苦"经营"起来的种群就这么"不明不白"地灭绝了，他心里很不好受。

"从表面上看好像除了那个脊椎之外没别的可能了。"芊芊提出自己的观点。

"难道是因为脊椎不直所以跑着就突然断了？"天天开始胡思乱想。

"很有可能啊，对了，会不会是因为它们脊椎不直所以像是驼了背的那种，运动能力下降造成身体条件变差？"

两个孩子百思不得其解之下，开始了胡乱的猜测。猜了半天也没个结果，他们只能期待游戏给出的总结了。

还好屏幕上出现了一行字：马在奔跑的过程中，如果脊椎不够平直的话，它们的内脏会被震伤，严重的甚至直接死亡，而其余的也会因长久的脏器受伤而缩短寿命。

"原来是这样！"两人长长地"哦"了一声。

"接着玩接着玩！"天天赶忙继续玩游戏。

加上"平直脊椎"，二人重新来过，在成功度过第三阶段后，屏幕上的三趾马族群越来越庞大，并且芊芊发现马的三个脚趾里两个侧趾进一步退化，中趾进一步变粗壮了。

"看来我们的这些马会顺利地演化下去呢。"芊芊开心地说。

"是啊是啊，你说我们'培养'的这些马会不会就是现在的马的祖先们呢？"天天异常高兴地开起了玩笑，"如果是，那我们就太牛了！"

"如果这不是游戏！"芊芊强调"游戏"二字。

眼看屏幕上的三趾马差不多演化完毕，天天欢呼一声，刚准备比照他对现代马的认知以再次对他的"马群们"操刀演化一番，却发现可供使用的却只剩下了一项：继续演化。

"只有一个选项？这也太狠了！"天天傻了。

"难道是这个游戏的设计者想不出来点子然后就这样敷衍过去了？"两个孩子都有些说不出话来。

"算了，就先点下去看看有什么结果吧。"芊芊迟疑了一下，"不管怎么说，直接把第四阶段就这么敷衍过去，怎么想这作者都不可能这么草率吧，还是先继续下去再说吧。"

天天虽然还是有些不甘心，但事已至此，也只好抱着试试看的心理按下了确定。

　　"根本没什么变化吗！"性急的天天大叫起来，但是芊芊却蹙起了眉头，她觉得事情没这么简单。

　　果然，草场逐渐开始变得稀疏了，与此同时马群的数量渐渐地开始缩减，虽然在这个过程中三趾马在骨骼和体型方面还是有着不小的变化，但是这些依旧不能改变这支族群走向灭亡的事实。

　　"为什么？"天天很不甘心地握着拳头。芊芊默然地看着屏幕上最后一只三趾马消失。纵然是完全虚拟的产物，但是看着自己"培养"出来的三趾马族群就这么突然间完全消失，两个孩子还是挺难受的。

　　就在这时，合成音再次响起："祝贺通关成功。"

　　这是成功了？两个孩子不敢相信自己的耳朵，把三趾马族群演化方向搞错，使得它们灭绝了这还能算成功？

　　但是屏幕上那大大的"CONGRATULATIONS！"又仿佛提醒他们那是个事实，电脑没有判定失误。

　　"难道说，和政动物群的三趾马最后灭绝了？而这个游戏的通关条件只是再现三趾马的演化过程？"芊芊突然觉悟。

　　"什么？"过了一会儿，天天的脑子终于反应过来了。他猛地回过头，想看看电脑会不会再给点资料和解释。

　　屏幕上，庆祝通关的字母刚刚隐去，一段话渐渐浮现出来："三趾马最后灭绝的原因是草场。因为三趾马的消化系统决定了它们只

能将草里的营养吸收小半，为了弥补这个缺点，就需要大量吃草。实际上这种演化方向并不先进。有人曾预测，若不是人类先祖因为马的速度快而驯养它们，马早就灭绝了。另外，本游戏提供的演化选项和结果有些许想象成分，只作为参考使用。"

看到这里，天天终于释怀了："原来马演化的方向一开始就是错的呀。"

芊芊皱着眉头叹了口气，"既然三趾马灭绝了，那现在的马是从哪里来的？"

"别急，你看，又有字出来了！"天天兴奋地指着屏幕。

"三趾马是马类演化中最重要的旁支之一。三趾马在中上新世广泛分布在北美、欧亚和非洲，直到更新世中期才最后灭绝。在中国，三趾马是从晚中新世到早更新世最具代表性的哺乳动物之一。大约400万年前，现代马的祖先真马在北美由上新马演化而来，更新世初期扩散到其他大陆。三趾马因为没有真马跑得快，活动范围没有真马广，成了马类天敌捕食的好对象，自然也加快了其灭绝的步伐。"

最后，屏幕上定格了一张马类的演化示意图。

"三趾马居然是这么灭绝的，总觉得有些……大自然还真是残酷啊。"芊芊不由得感叹。

"物竞天择，适者生存，可是大自然的铁则啊，这你也不知道吗？芊芊同学？上科学课没听讲哦！"天天开玩笑道。

两人边说边笑着，离开了图书馆。

十三　古植物演化史

两个孩子到博物馆展厅时，还没到两点，不过特展厅里已经来了很多年龄和天天、芊芊相仿的孩子，正叽叽喳喳地聊着天。

不一会儿，小李便来了，手上拿着张 A4 纸。

"同学们，今天我负责给大家讲解古植物部分的化石展。首先我问一下，我们今天的特别展览是关于什么时代的？"小李问道。

"新生代！"

抢到答案的是个小胖子，红扑扑的圆脸上有双扑闪扑闪的大眼睛，模样很可爱。天天心想真遗憾，这个答案自己也知道。

"对了，有没有人留意到植物化石展布置在新生代的哪个阶段？"小李又问。

这次没人吱声了，天天赶紧扫了一下展厅的介绍，发现植物化石展布置在新近纪，正要回答。

"新近纪。"芊芊抢先了。

天天瞪大眼睛对芊芊做出一副咬牙切齿的样子，指着芊芊，没发出声音，光动嘴型说，"你？"

"错了吗？"芊芊一脸不解地轻声说，"中午吃饭的时候说的就是新近纪呀。"

"非常正确！是新生代的新近纪。"小李笑着冲芊芊眨了眨眼睛，"上个月我们做了古生代和中生代两个特展，有许多观众提出关于植物的介绍太少了，所以这次的新生代特展我们专门安排了一个关

博物馆
的一天

于古植物化石的展览。在介绍这些古植物化石之前，我想先为大家简单讲一下古植物的演化历史，你们有兴趣听吗？"

"有！"

"有兴趣！"

见听众们热情高涨，小李微笑着点点头，精神饱满地展开手上的A4纸。

"大家看看，这是我中午刚制作的一张关于植物分类的简图。最广义植物界的范围包括陆生植物、绿藻、轮藻和红藻、褐藻等，其中陆生植物、轮藻和绿藻又称为绿色植物。我们日常所见的植物几乎都是陆生维管植物，就是这张图中最上面的蕨类植物和种子植物，种子植物又包括裸子植物和被子植物。"小李转头用手指了指图上的"蕨类植物"、"裸子植物"和"被子植物"，然后又转过头来认真地问大家，"你们知道生命起源于哪儿吗？"

"水里面！"

"大海！"

"海洋！"

孩子们你一句我一句的，说出各自的答案。

"既然生命起源于海洋，那最早地球的陆地什么样呢？"小李接着问道。

"什么也没有！"

"只有石头！"

"光秃秃的！"

"一片荒芜！"

"说得真好！"小李夸道，"最早地球陆地是一片荒芜，植物通过漫长和曲折的登陆和自身演化，才使荒漠变成了绿野。可是，植物是怎样登陆的呢？"小李又问。

这下，孩子们面面相觑，都答不上来了。

"现在我就来给大家讲讲。在陆生植物出现之前，由真菌和绿藻或蓝细菌结合而成的地衣首先对地球的岩石圈进行了改造，为植物登陆奠定了基础。所以呀，地衣被称为'开路先锋'，有人知道目前世界上最早的地衣化石来自哪儿？"小李姐姐问。

"是不是瓮安？贵州……瓮安？"天天犹豫地答道。

"对对对！"小李赶紧说，"在我国贵州瓮安，时代为距今约6亿年前。"

"到了大约5亿年前，一些类似苔藓植物登上陆地，这些植物虽然很矮小、不起眼，但生命力却很顽强，对陆地环境的改造也起了很大的作用。"小李接着讲道，"在这之后，就是陆生维管植物登陆了……"

"老师，我想问问，谁是陆地上植物的祖先呀？"抢答"新生代"的那个圆脸、大眼睛的小胖子插嘴问道。

"哦，这个问题问得很好。"小李想了一下说，"现在多数专家认为绿藻是陆生植物的祖先，至少它们可能有最近的共同祖先。我这里说的绿藻是广义的，包括绿藻和轮藻。目前已知的化石记录中，被确认为最早的绿藻的是一种8亿年前的球形单细胞生物，发现于澳大利亚。"

"现在言归正传，奥陶纪末，距今大约……4.4亿年，全球冰川大范围分布，引起全球气温和海平面下降，导致一次生物大灭绝。但是海平面下降，陆地面积就增加了，这就为陆生维管植物的起源和演化提供了更多的空间。大家知道，陆地和水生的环境是不一样的，所以植物登陆必须具备一定的条件，具体的这儿我暂时先不讲，有兴趣的同学待会儿可以问我。"小李继续讲道。

"距今大约4.2亿到3.6亿年的泥盆纪是陆生植物大发展的时期，到泥盆纪中期时，地球上首次出现了森林，但组成森林的成员和现在的不一样，主要是蕨类植物，包括石松类、真蕨类和木贼类等。不过古生代繁盛的大型蕨类植物都灭绝了，现代的真蕨植物绝大多数是草本类型，大都生活在温暖湿润的地方，常以优美的羽状复叶、多姿的形体深受人们喜爱。有谁能说说自己见过的蕨类植物？"小

李问。

"我见过紫萁，还有双扇蕨。"一个扎马尾辫的女孩说。

"对，紫萁和双扇蕨都是蕨类。"小李点头。

"铁树……是不是？""小胖子"迟疑地问。

"不是。"小李摇摇头，"铁树学名苏铁，是裸子植物。裸子植物虽然早在泥盆纪就已经出现了，但大多是些低矮的植株，它们在古生代只是不起眼的小配角。到了中生代三叠纪以后，裸子植物才开始成为陆地植物的优势类群。有谁能说出现在我们生活中常见的裸子植物有哪些？"小李又问。

"银杏！银杏！"又是"小胖子"，这次他的嗓门特别高，别的孩子们都被吓了一跳，接着哄笑起来，小胖子羞得脸一直红到耳根。

"还有吗？"等到安静下来了，小李问道。

"水杉。"说话的是个短发的小姑娘。

"对，银杏和水杉都是裸子植物，并且都是植物界有名的'活化石'。有谁知道什么是'活化石'？"小李接着问道。

"拉蒂迈鱼！"天天脱口而出。

"嗯——"小李扬了一下眉，然后说道，"你说的也对。我想问的是判定一种现生生物是不是'活化石'的标准，或者说条件是什么？"

见没人回答，小李便开始解释："'活化石'原意是指一个濒临灭绝的生物类群中唯一现存的成员。判定一种现生生物是否为'活化石'，主要有两个条件：一是该种生物的生存历史要长达几千万年，

博物馆的一天

甚至上亿年，在漫长的演化过程中，其形态等特征自始至终没有显著改变；二是这种生物所属的类群中，现在只有一个种或很少几个种。"

小李深吸一口气，说，"最后我讲讲新生代的植物。现在我们熟悉的开花的被子植物是在中生代白垩纪早期出现的，到新生代后逐渐繁盛起来，并且占据优势。古近纪的被子植物大多是白垩纪延续过来的，但也出现了不少新物种；新近纪时气候变得寒冷和干燥，森林面积缩小，草原面积逐渐扩大，大量现代被子植物属种出现；到第四纪时，森林和草原的面貌已经和现在差不多了。好了，现在开始看化石和答疑。"

十四 新近纪那些事

孩子们开始散开看化石。

过了会儿，"小胖子"率先提问了，"老师，这张新近纪的说明上，写了'新近纪是现代地理格局、气候体系、生态环境形成的重要转折期'，是什么意思？"

小李说："嗯，比如与中生代相比，新生代的生物面貌可以说是焕然一新，被子植物取代裸子植物占据优势，哺乳动物取代爬行动物居统治地位。具体到新生代内，早期温暖适宜的气候环境，使被子植物和早期古老类型的哺乳动物迅速崛起和发展，晚期全球性大规模的气候波动和区域性环境变更，则对现今生物多样性和生物区系的形成产生更为直接的影响。我这么说是不是太抽象了？"

"小胖子"连连点头。就在小李答疑的时候，天天、芊芊和另几个孩子也围了过来。

小李想了一下，说道，"你们刚才都参加过渐新世的活动了，知道气候和生物在渐新世有很大变化，对吧？"

孩子们点点头。

"植物叶子变小了。""小胖子"说。

"早期古老类型的哺乳动物灭绝了。"天天赶紧抢答。

"新近纪的事也不少，我先简单说说构造方面的。由于印度板块向北漂移，在古近纪的始新世晚期与欧亚板块碰撞，造成青藏高原的隆升。到了新近纪的早中新世，青藏高原的隆升加速了，安第斯山脉也隆升了，加上中新世的哥伦比亚河火山，以及上新世巴拿马海道的关闭等，新近纪发生了不少构造事件。"

小李稍息了一下，继续讲道，"在气候方面，进入新近纪后，气候逐渐变得温暖湿润，演化成中新世气候最适宜期，哺乳动物极度适应环境开始大辐射演化并向现代化演变。之后地球气候随着南极东部和西部冰盖的先后形成，越变越冷，东亚季风也在中新世晚期增强。新近纪之后的第四纪，气候与新近纪一脉相承。"

"老师老师，您说的那是远古的气候吧？怎么知道的呀？""小胖子"又问。

"有人能回答这个问题吗？"小李反问。

"要是发现猛犸象化石，就知道那时的气候寒冷。"芊芊答道。

"很好！其实研究古气候的方法很多，我再举个植物和古环境分析方面的例子，叫共存分析法。当我们研究一个化石植物群时，可以先确定化石植物群中每个物种所对应的最近亲缘现生类群，也就是给化石植物找到它们各自的现在还活着的亲戚，通过这些现代亲戚们生活的地区对应的气候参数范围，得到一个气候参数的最大区间值，从而推断出化石植物群所反映的主要气候要素的可能变化范围。大家能理解吗？"

孩子们都点起了头。

"新近纪生物方面的变化，我就不多说了，大家多看看化石和复原图吧。对了，我国新近纪的哺乳动物化石十分丰富，有两个著名的动物群，谁能答出来？"小李问。

"山旺动物群和和政动物群！"芊芊胸有成竹地答道。

"对了！"小李笑着说。

孩子们又接着各自看起了展览。

过了会儿，小李招呼大家，"最后我想问问，第四纪有个令人瞩目的演化事件，有谁知道？"

"人类出现！""小胖子"又抢答了。

"对，是人类的出现和演化。我们馆多功能演示厅里有个关于古人类演化的舞台剧《与远古人同行》，马上就要开始了，大家抓紧时间去看哦。"小李说。

"咱们去看那个吗？"天天问。

芊芊点头，两个孩子和小李挥手道别，奔向多功能演示厅。

博物馆
的一天
55

十五 古人类的起源

多功能演示厅里已经来了不少观众，不过幕布紧闭，演出还没开始。不少孩子在说话或嬉笑，还有的跑来跑去，整个厅里闹哄哄的。天天和芊芊在前排的边上找了两个空位子坐了下来。

不一会儿，博物馆的吴馆长走到舞台中间，告诉大家演出就要开始了，孩子们很快归位并安静下来。。

"各位观众，下午好，关于我国古人类演化的舞台剧《与远古人同行》就要开始了。这次舞台上的演员既有仿真的古人类，也有我们所里的研究生，看看小朋友们能不能分辨出来？也希望大家看后能对古人类的演化和生活状况有个感性的认识。"吴馆长简单介绍完便走到幕布后去了。

一个年轻的小伙子走到舞台边上，缓慢而清晰地讲解起来，"大家都知道，我们人类由古猿演变而来，但是到底在什么时间、什么地方，又是怎样一步步演化来的呢？"

年轻的讲解员稍顿了一下，接着讲道，"根据化石、分子古生物和古生态学的证据，推测人类起源可以追溯到大约700万年前甚至更早。关于古猿在什么地方演变成人，首先可以肯定不可能在美洲和大洋洲，因为美洲现在只有猴子，没有猿类，也没有发现古猿的化石，大洋洲连猴子也没有，并且没有丝毫可能发现的迹象。亚洲、非洲和欧洲都已发现了很多古猿化石，可能是人类的起源地。而目前的化石证据和研究显示，非洲是人类的发祥地。"

这时，幕布缓缓拉开，和缓的背景音乐轻轻响起，靠墙的大屏幕上出现字样：

讲解员说道："人类演化的过程，20世纪中叶曾被划分为三个阶段：猿人、古人和新人。60年代发现黑猩猩也会制造工具以后，古人类学界在考虑人与古猿分离的标志时主要看是否能两腿直立行走，不再重视能否制造工具，南方古猿被纳入真正人类的范畴，人类的演化因此被划分为南方古猿、直立人和智人三个阶段。由于在智人阶段中人类文化的发展很快，发生过显著变化，三分法不能正确反映这一重要现象，因此我国人类学家吴汝康院士等在1978年将体质演化和文化发展结合起来考虑，提出人类演化分为4个阶段：早期和晚期猿人、早期和晚期智人阶段。南方古猿是早期猿人的代表。"

很快，大屏幕上的字样更新了。

非洲：人类的发祥地

南方古猿之前的古人类：
　　撒海尔人（俗称"托迈人"，距今 700 万～600 万年前）
　　原初人（又称千禧人，距今约 600 万年前）
　　地猿（距今约 580 万～520 万年前）

南方古猿：包括阿法种、非洲种、惊奇种、埃塞俄比亚种、
　　鲍氏种和粗壮种等，
　　生存时代为距今 440 万～150 万年前。

能人：人类的直接祖先
　　生活于距今 250 万～160 万年前。

讲解员继续说，"迄今为止的可靠化石证据显示，南方古猿和之前的古人类只发现于非洲，而在亚洲和欧洲还没有早于 200 万年前人类存在的可靠证据，这表明从猿向人的演化过渡发生在非洲。另一方面，生活在约 200 万年前的南方古猿和能人只发现于非洲，显示人类早期演化过程在非洲完成，后来扩散到全世界的直立人很可能也是在非洲本地起源的。自 20 世纪初在非洲发现古人类化石以来，目前已在非洲的多处地点发现了大量的古人类化石，其中以东非的埃塞俄比亚、肯尼亚、坦桑尼亚和南非的化石最为丰富。"

屏幕上出现了南方古猿的生活复原图。

"南方古猿和之前更早的人类，长得更像猿，个子矮，腿短，生存能力还比较弱，活动范围也比较小，食物以植物为主。他们可

能白天在地面上用两条腿直立行走、寻找食物，晚上爬到树上休息或者躲在树丛中睡觉。尽管非洲大地上同时生活过不止一种南方古猿，但他们中的绝大多数都被环境淘汰，灭绝了，只有一种有幸演化成现在的人类。"讲解员说道。

　　南方古猿的复原图从屏幕上隐去，讲解员继续自己的解说，"大约250万年前，进入能人阶段的古人类开始制造并使用简单的石器工具，能砍砸和切割动物肉和骨骼，但食物还是以植物为主。化石的发现和研究显示，到了大约160万年前，非洲的直立人具有细长的腿，可以大跨步直立行走和长距离奔跑，可能就从那时开始，古人类身体表面的汗腺增加，体毛开始脱落了。"

十六 中国的猿人

这时，背景音乐停了下来，讲解员说道，"我国的古人类化石也很丰富，其发现始于1922到1923年间法国古生物学家在内蒙古发现的"河套人"幼儿牙齿化石。此后，在我国的100多个地点陆续发现了各种古人类化石，年代跨度在170万到1万年前之间，可归入直立人、早期智人和晚期智人这3个阶段。"

屏幕上再次出现字样：

中国的直立人（晚期猿人）

生活在约170万～20万年前。

代表除北京猿人外，有云南云谋人、陕西蓝田人、安徽和县人、湖北郧县人和南京汤山人等。

南京汤山人头骨化石

随着屏幕上字样更换，背景音乐再度响起，这次的节奏比较明快。舞台上的许多灯一下亮了起来，讲解员热情洋溢地说："现在，直立人的代表北京猿人要登台表演了！北京猿人是猿人中化石材料最丰富的，共挖出了100多件猿人化石。"

幕布合上又缓缓拉开，只见舞台上有 3 大 1 小 4 个猿人正围坐在火堆旁烧烤，背景的中央有个山洞的大洞口。

　　面对观众的猿人正往火里添树枝，紧挨着的小猿人则在一旁边做手势边咿咿呀呀地说着什么，然后将双手向后撑到地上，另一旁的那个猿人拿着个动物的腿骨放在火上烤着，剩下的那个大猿人则用尖状的石器割着一个大块的肉。

　　"北京猿人正要吃大餐呢！因为他们只能制作简陋的石器，生产力不高，主要靠采集果子、嫩叶，挖块根为生，吃荤对他们来说可不容易。北京猿人已经会用火，但是他们还不会生火，只知道将自然界中的火引回来利用。他们知道继续添加木材，使火能长期保存。山洞里有火，既可以取暖去潮，又能烤肉，还能吓跑野兽。烤熟的肉更好吃，更易于消化，也能减少细菌感染，对改进猿人的体质很有好处。”

讲解员正说着，拿动物腿骨的那个猿人站起来把烤好的动物腿骨递给小猿人，小猿人闻了闻，摇摇头没接。于是讲解员忙说，“大家看一看，北京猿人的体型已经跟我们差不多了，他们的四肢骨与现代人的差异主要只是骨壁较厚，骨髓腔较窄，这从外表上是看不出来的。”

拿动物腿骨的猿人又坐下来继续烤起来，讲解员接着说道："北京猿人头顶低矮，眼睛上的眉嵴突出，嘴巴也突出，但下巴向后缩了，没下巴颏，面貌还有点像猿。因此北京猿人总的看来，像是在现代人的身体上长着一个还有点像猿的头。他们可能还只会发出单个的音节，主要用面部表情、动作及哼哼声等来表达自己的想法和情感。"

讲解员说完这些，幕布已经缓缓拉上了，音乐也停了下来。

十七 中国的早期智人

幕布再次拉开时，屏幕上的字和图已经换了。

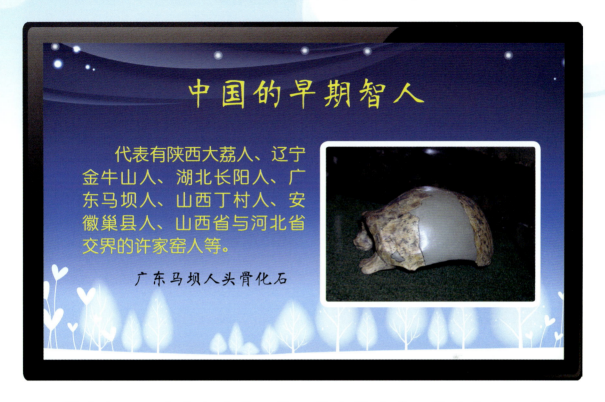

中国的早期智人

代表有陕西大荔人、辽宁金牛山人、湖北长阳人、广东马坝人、山西丁村人、安徽巢县人、山西省与河北省交界的许家窑人等。

广东马坝人头骨化石

舞台上，五个手上拿着石块，脸上脏乎乎、披头散发、身披兽皮的年轻人正坐在一棵大树下聊天。

一个长着招风耳的小伙子站起来，边比划着抓东西边叽里咕噜地说着什么。

接着说话的是五人中唯一的一位姑娘，她边说话边摇头，一脸的不屑和不相信。

"我来给大家翻译一下。"讲解员说，"刚才长招风耳的小伙子说会有一群鹿从这里经过，他有一条妙计，可以不用石块砸，就能逮到鹿，但这位姑娘却不相信。"

接着，一个长了双眯眯眼的小伙子跟着站了起来，边咕噜咕噜地说着边示意"招风耳"说话。

另一个鼻子比较塌的小伙子点头附和。

"招风耳"看了看唯一的那位姑娘，犹豫了一下后，叽里呱啦地说着，并作出奔跑的样子。

姑娘也站了起来，说了几句后，作势翻着白眼，瘫坐在地上。

"招风耳说他已经摸清鹿群的行走路线，只要拼命追赶，一定能累死年老的或者还没长大的鹿。姑娘说她敢肯定，在他们还没追上那些鹿之前，自己就先累死了。"讲解员继续翻译。

"招风耳"自信满满地边说边挨个儿指了指另外 3 个小伙子。

3 个小伙子齐声欢呼，把手上的石块扔到一边，作出称赞"招风耳"并要大干一场的样子。姑娘着急地叫了一句，"招风耳"却连连摇头说着什么。

"'招风耳'指示小伙子们分开等在鹿群要经过的地方，一个人追累了的话，另一个人接着追，并且告诉另外 3 个小伙子，他们各自应该在什么地方等待。姑娘也要参加，但'招风耳'不同意，说打猎不是女人干的事。"讲解员说。

这下姑娘火了，叉着腰横眉竖眼地大叫一通。除了"招风耳"外的其他三个小伙子都纷纷说起来，最后"招风耳"点了点头。

"姑娘说他们比的是赛跑，不能算打猎，她要参加，而且她可以和他们比试，她跑得不见得比别人慢。其他的小伙子都为姑娘说情，'招风耳'就让步同意姑娘参加了。"讲解员正说着，屏幕上出现鹿群，五个年轻人便起身"追鹿"去了。

"小朋友们，你们发现这些年轻的早期智人和刚才的直立人有什么区别吗？"讲解员问道。

"他们是人演的！"率先大声回答是个胖男孩，天天一看，正是在古植物化石展那儿抢答的"小胖子"。

"非常正确，你太牛啦！呵呵——"讲解员忍不住笑起来。

"还有，他们穿衣服了！""小胖子"神气活现地接着说道。

"对了！很好！"讲解员大声夸道。

"长得不一样！"有几个孩子高声叫道。

"哪里不一样？"讲解员接着问。

"眼睛！"

"鼻子！"

孩子们开始交谈和争论起来，台下闹哄哄的。

"好了，大家先静一静，再想想除了长相和穿着外，还有什么不一样的？"讲解员大声问。

过了一会儿，一个女孩犹豫地说，"他们……好像说话了。"

"对了，非常棒！"讲解员非常高兴，因为他可以接着这个答案往下讲了，"古人类什么时候有语言，目前还没有直接的化石解剖证据。"

这时，屏幕上出现一个简单的大脑结构示意图。

讲解员指着图说："大家看看，这是我们现代人的大脑示意图，图中红色的三角就是语言中枢——布罗卡氏区。虽然 200 万年前的

能人左脑已经有了相当于现代人语言中枢的布罗卡氏区，但并不表示他们已经具备语言能力。直立人的布罗卡氏区有所增大并且更明显了，但这也只是为语言交流奠定的基础，而不能说明他们就一定能说话了。事实上，有两个证据表明直立人还没有语言能力：一是直立人的喉很短，还不能产生元音；二是直立人的胸椎管和椎管内的神经都比现代人的细小很多，而控制呼吸运动的肋腔肌与胸椎管内的神经相连，细小的胸椎管表明呼吸能力差，难以控制语言。所以，人类应该是到智人阶段才开始用语言交流的。"

十八 中国的晚期智人

屏幕再次换成了文字。

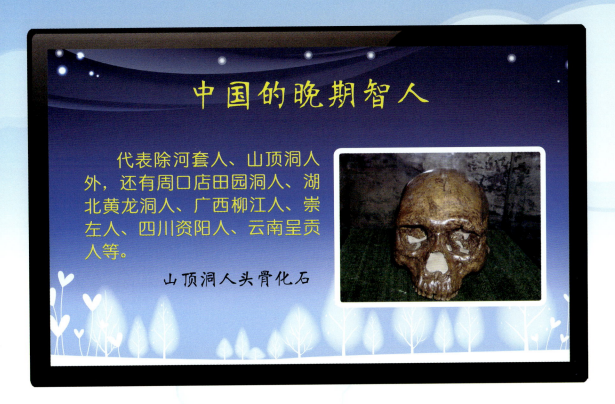

中国的晚期智人

代表除河套人、山顶洞人外，还有周口店田园洞人、湖北黄龙洞人、广西柳江人、崇左人、四川资阳人、云南呈贡人等。

山顶洞人头骨化石

讲解员并没有做更多的解释，而是在一旁安静地等待。屏幕上出现一幅美景：蔚蓝的天空下，野花在明媚的阳光下迎着温暖的和风飘摆，一群蜜蜂快活地钻在花里吸着花蜜。

一个女孩戴着用野花编成的花环走上台来，微笑着转了几个圈，又摸摸花环，做了个可爱的鬼脸。

"真是朵奇葩呀！"

说话的是个年轻的小伙子，他快步跑到女孩面前。

"漂亮吗？"女孩仰着脸问。

"当然！"小伙子双臂对插，微笑着说，"有不漂亮的花吗！"

"我是问我戴花环……好不好看？"女孩红着脸问。

"好看！绝对是朵奇葩！"小伙子瞪大眼睛用夸张的语气说。

"你不是跟着去打猎了吗？怎么有空到这里来闲逛？"女孩问。

"那是因为今天我们大有收获！"小伙子容光满面，"猜猜我们捕到了什么？"

"不会是老虎吧？"女孩开心地问，见小伙子笑着不应声，想了想后说，"我猜……是一只小鹿？"

"不是！"小伙子笑着摇摇头。

"那……是一只很大的鹿？"女孩又猜。

"不是！"小伙子继续摇头，"不是鹿！"

"一只羊？"女孩再猜。

"这次总算猜对了……一半，是两只羊！"小伙子得意地说，"这下，我的羊皮外套可有着落了！不过不要指望有你的份哦！"

"那……你们捕的是怀孕的母羊吧？"女孩一脸狡黠的笑容。

"才不是，是两只只能挨在一起，没法抱在一起的，八只脚都着了地的羊！"小伙子加重了"八只脚都着了地"的语气。

"噢，我知道了！一定是两只老得掉牙的羊，实在走不动了，刚好一头栽倒在你怀里。"女孩装出要倒的样子。

"你敢糟蹋我！"小伙子一手拿起她头上的花环。

"快还给我！还给我！"女孩急得站起来去抢花环。

"就不给，就不给！"小伙子将花举过头顶，女孩比小伙子矮

童话古生物丛书

了整整一头，不管怎么跳都够不着小伙子手里的花。

"算了，我不要了！"女孩负气转身就走。

"嗨，别生气嘛！"小伙子跟在后面叫道，但女孩还是不理他。

"对不起，我向你道歉！"小伙子赶到女孩身边，要把花环戴到她头上，但女孩却一声不吭地闪身躲过。

"要是你不生气，我就告诉你我打算送什么礼物给你。"终于，小伙子无奈地说。

"礼物？"小伙子的招数奏效了，女孩停住脚步并且开了口，"我自己猜好了，想要我不生气，你得为我做一件事情才行！"

"好好好，只要你不生气，什么事都行！"小伙子高兴地许诺。

"你打算送我什么呢？"女孩歪着脑袋想了想，"花么？"

"当然不是，你肯定猜不着，还是我告诉你……"

"不要不要！"女孩急得大叫，"我要自己猜！嗯……是兽牙？"

"哎呀，只对了一部分，还是我告诉你吧。"

"不行不行，我猜可能是有兽牙的项链，是吗？"

"唉——每次你都能猜到！"

"项链上还有什么，我猜……"

"别猜了，还有小石子、小骨管……我敢保证，绝对可以让你臭美的！"

"哪儿呢？快给我吧。"

"我藏起来了，待会儿给你。好了，说说你要我做的事吧。"

"教我捕鱼。"

"不行，你又不会游泳。"

"赖皮！说话不算数，我再也不理你了！"

"好吧好吧，但你要保证待会儿什么都要听我的！"

"一言为定！"女孩从小伙子手里拿过花环，往头上一戴，"走吧！"

"我们的演员怕我翻译得太累，就替我把台词翻译成我们现代人的语言了。"讲解员微笑着提高音调，"这就是山顶洞人的幸福生活，羡慕吗？"

"羡慕！""小胖子"又高叫，引得观众们哄地都笑起来。

"这位小朋友，请你到台上来。"讲解员对"小胖子"发出邀请。

胖男孩站起来，一副难以置信的样子，边张着嘴巴瞪着讲解员，边用手指指指自己。

"对，就是你。"讲解员笑眯眯地说。

等"小胖子"走到台上，讲解员问道，"我想问问，你羡慕他们什么？"

"小孩不要上学！""小胖子"大声答道，台下的观众又哄地笑了。

"还有呢？"讲解员又问。

"还用还有呀！""小胖子"叫起来，"不上学就不要一早起床，不要做作业，不要上兴趣班！"

这次台下没人笑了。

"是啊，他们的小孩可以整天玩耍，长大了可以打猎，穿的是皮草，吃的是绿色食品，生活看起来真不错。现在，我们再来想想

他们过得不好的地方吧。"讲解员说。

"不好的？""小胖子"反问。

"对，包括衣食住行，比如他们的居住条件，住在山洞里，不能洗热水澡也就算了，洞口还没门，要是遇上野兽，没有成人帮助可能就是死路一条。但爸爸和哥哥们也难自保，也许早上出门了，晚上就没能回来！小朋友们再想想还有什么？"讲解员朝台下的观众问道，"小胖子"赶紧跑回到自己座位上。

"没有蛋糕和冰激凌吃！"

"没有漂亮的衣服！"

"没有动画片！"

"没有电视看！"

"没有汽车坐！"

……

台下的孩子们叽叽喳喳地答了起来，直到有个孩子说"没有钢琴弹！"

"是啊，孩子们，想想你们现在的生活，多好呀！虽然学习的确有点累，压力也挺大，但不要害怕挫折，耐心等待减负，有空多来我们博物馆参观吧！"讲解员不着调的结语逗得台下的观众再次哄笑。

笑声中，讲解员正色说道："迄今我国已经发现了大量的古人类化石，年代跨度在距今170万到1万年间，是世界上古人类化石相当丰富的国家之一。此外，在我国还发现了数量丰富的与人类演

化关系密切的古猿和巨猿化石。相信随着更多化石的发现和研究，我们会给大家展现更详实有趣的关于古人类的科普知识。"

这时，一个穿古代服装的小伙子，拿着把鹅毛扇子，边念着"之乎者也，之乎者也……"，边从舞台的左边走到右边，临下台时无奈地说，"不是我不想表演，我代表的是几千年前的古代人，时间太短，没机会！"

台下的观众又笑起来。笑声中，博物馆的吴馆长再次走上台说，"在上个月的特约科普讲座中，我们请专家做了关于地球历史上的生物大灭绝的报告，引起了很大反响，这个月的讲座我们将延续这一话题，请我们馆的苏菲博士给大家讲讲我们人类正在见证的新的大灭绝。现在休息十分钟，之后欢迎大家回到这里听苏博士的报告'人类纪与现生生物大灭绝'。"

"去厕所吗？"天天问问芊芊，芊芊摇头，天天赶紧一路小跑奔向洗手间，怕耽搁了给老妈捧场。

十九 人类纪与现生生物大灭绝

等天天回到座位，发现幕布上已经有了"人类纪与现生生物大灭绝"的大标题。不一会儿，苏菲便上台做报告了。

"在开始讲'人类纪'之前，我们先来了解一下，地球历史的时间是怎样划分的。很多小朋友们都知道人类历史上唐宋元明清等朝代，地质学家研究地球历史时，仿用了人类历史中划分社会发展阶段的方法，把地质历史也划分为很多阶段，具体是怎么分的呢？"苏菲点击电脑更换到下一张幻灯片。

"这张是浙江煤山的地层剖面。在地质历史过程中形成的层状岩石，叫地层，大家都知道化石就赋存在这些地层中。地质学上对地层划分的一种赋有时间含义的地层单元叫年代地层单位，与地质时代严格对应。同一时间内形成的地层，可归入同一年代地层单位。直白地说，地质时代是根据地层来划分的。"苏菲点击下一张幻灯片。

"从这张地质年代与生物发展阶段对照表中，我们可以看到地球的历史可划分为不同等级的地质时代单位，由大到小依次是：宙、

地质年代与生物发展阶段对照表

宙	代	纪	世	年龄（百万年）	生物发展阶段 动物		植物
显生宙	新生代	第四纪	全新世	现今 0.012	哺乳动物繁盛期	人类时代	被子植物繁盛
			更新世	2.588			
		新近纪	上新世	5.333			
			中新世	23			
		古近纪	渐新世	33.9			
			始新世	56			
			古新世	66			
	中生代	白垩纪		145	爬行动物时代	恐龙时代	裸子植物繁盛
		侏罗纪		201			
		三叠纪		252			
	古生代	二叠纪		299	两栖动物时代	爬行类出现	蕨类植物繁盛
		石炭纪		359			
		泥盆纪		419	鱼类时代	陆生无脊椎动物发展	藻类植物繁盛
		志留纪		443			
		奥陶纪		485	海生无脊椎动物时代	带壳动物	
		寒武纪		541		软躯体动物	
元古宙	新元古代			1000	无脊椎动物出现		藻类出现
	中元古代			1600			
	古元古代			2500			
太古宙	新太古代			2800	原核生物（细菌、蓝细菌）出现		
	中太古代			3200			
	古太古代			3600			
	始太古代			4000			
冥古宙				4600			

代、纪、世，再往下还可以细分到期、时，对应的年代地层单位依次是：宇、界、系、统、阶、时间带。具体说就是，整个地球的历史分为隐生宙和显生宙，其中显生宙划分为古生代、中生代和新生代。今天我们的特展就是关于新生代的，这张表的最上面部分。新生代包括古近纪、新近纪和第四纪，纪可进一步划分为世，比如古近纪可分为古新世、始新世和渐新世，新近纪可分为中新世和上新世，第四纪可分为更新世和全新世。我们今天的新生代特展就是按照7个世布展的。"

"1984年，美国学者统计了过去6亿年中化石生物的地史分布，发现每百万年大约有5个科、180到300个种的生物会消失，这种常规的灭绝又叫背景灭绝。同时，他们发现在正常灭绝情况外，还有非正常的灭绝事件，其中有5次大型的生物灭绝，从这张图中可以看出来。"苏菲接着往下点击幻灯片。

地球历史上的5次生物大灭绝事件

共性：全球性、短时期（数十万至百万年）、涉及门类众多、物种灭绝率常在80%～90%、与环境大灾变相关联等特点。

5次生物大灭绝事件可能的引发因素

★主要因素　☆次要因素

	外星碰撞	火山	气候变冷	海退	缺氧/海进	板块拼合/解体
白垩纪末	★		★	★	☆	
三叠纪末				★		★
二叠纪末	☆	★		☆	★	★
晚泥盆世	☆		★		★	
奥陶纪末			★			

"导致大灭绝的原因各不相同，但相关的环境巨变都在地层中留下了清晰、持久的标志，比如白垩纪末的大灭绝使曾经称霸天下的恐龙从地球上彻底消失，关于造成这次大灭绝原因的假说很多，最具说服力的是小行星撞击地球，激起大量尘埃，这些尘埃聚积在空中，遮天蔽日，地面温度骤降，从而导致陆地和海洋生物大灭绝。那么在白垩纪末地层，也就是白垩纪和古近纪的地层界线处有什么特征呢？除了化石记录的证据外，还有大的撞击坑、铱异常等。"苏菲继续讲道。

"现在我们回到'人类纪'这个主题。2002年，著名大气化学家、1995年化学诺贝尔奖得主保罗·克鲁岑博士在《自然》杂志上发表文章，第一次正式提出'人类纪'的概念。2008年伦敦地质学会接纳了这一术语。这意味着，人类的活动对地球的影响，已经上升到与外星撞击、大型火山喷发、板块运动、海平面升降等灾变同一级别的程度。几千万年以后，如果人类还有幸生活在地球上，那时的地质学家可以根据地层中的沉积物特征和化石等，来表述现在我们人类的活动，就像现在我们推断白垩纪末的大灭绝一样。当然了，因为有了文字的记录，不会再有很多五花八门、有趣的假说。"苏菲点击了下一张幻灯片。

"地球人口第一次达到10亿的规模，是1820年；1930年全球人口达到20亿；1960年达到30亿；目前已经超过70亿。现在人类的足迹遍布世界各地，30%至50%的地表已被人类开发，几千座主要水坝改变了地球的地表径流，一半的森林被砍伐殆尽。随着森林采

1. 陆表变化：人类改造了 75% 无冰雪覆盖的土地（建筑物、农业、水坝等），引发的风化率比自然风化率高出一个数量级。

2. 海洋变化：海平面上升，表层海水 pH 变小（海水变酸了）。

3. 大气变化：二氧化碳浓度比工业革命前增加 40%

4. 生物变化：据粗略测算，过去 400 年来，除人类外的生物生活的环境面积缩小了 90%，物种减少了一半。

伐和矿物燃料的使用，大气中二氧化碳的浓度一直在增高，一方面使得地球变暖，另一方面使海水酸化。而海水酸化的后果一是使海洋底部的碳沉积物溶解，二是使许多分泌碳来构造自身骨架的生物，如珊瑚等，无法生长。热带雨林被砍伐以及人类的捕猎等，使得大量生物灭绝，目前有超过 1.5 万种的物种濒临灭绝。鉴于目前物种灭绝速度已经是正常的背景灭绝的 100 至 1000 倍，许多学者认为我们正面临第 6 次生物大灭绝。"讲道这儿，苏菲稍微作了一下停顿。

"由于人类活动造成的地球环境和生物的巨大且前所未有的改变足以在未来的地层中显示出来，使得'人类纪'正接过目前我们所处的'全新世'的接力棒。不过目前还没有对'人类纪'从何时开始达成共识，一些学者认为定在农业出现之前，大约 8000 年前较合适，也有学者指出应该在 18 世纪中叶蒸汽机发明和开始使用后，化石燃料开采和消费量呈指数上升，使得人口和消费开始爆发式的增长，并且至今仍在继续增长。"苏菲点击了一下鼠标换幻灯片。

这是最后一张幻灯片，上面只有很醒目的字"保护地球——我们的家园"。

"目前，人类的活动正威胁着地球的自我调节能力，也许会让环境恶化到威胁人类自身的生存。地球的生物演化历史告诉我们，地球上可以没有人类，但人类现在还无法离开地球生活。我的报告就到这里，谢谢大家！"

在掌声中，苏菲突然提高嗓门说，"最后留给大家一个讨论题，想一想，要保护地球，我们能做些什么呢？"

不过没等孩子们发言，苏菲便先走了。

"咱们走不走？"天天问芊芊。

芊芊还没回答，便听到有人大声说，"我家已经执行我制定的节约用纸的计划了！"

又是"小胖子"！

"我坐地铁上学！"另一个男孩接着发言。

……

"我们还是看看他们都有什么好方法，等姑妈下班了一起走吧。"芊芊建议道。

化 石 集 锦

如果不是因为化石的存在，可能人类即便穷尽智慧也想象不到地球上曾生活过那么多千姿百态的神奇生物，更无法解开生命演化史上的种种谜团。现在来一睹这些神秘却又直观的化石的冰山一角吧……

珊瑚和苔藓虫

贵州珊瑚(石炭纪)(单体珊瑚,张燚强供图)

锐星珊瑚(泥盆纪)
(块状群体)

苔藓虫(未定名,石炭纪)
(张燚强供图)

三叶虫

中华索克虫

节头虫（赵元龙供图）

蝙蝠虫（袁金良供图）

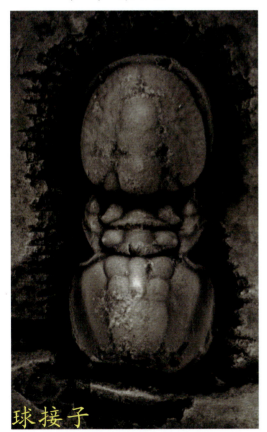

球接子

广西盾壳虫

　　除注明外，其他图片皆为朱学剑提供，其中球接子长约1.5cm，广西盾壳虫长约4.8cm。

昆虫(侏罗纪，黄迪颖供图)

螽蝉

广翅目幼虫

蚤蝼

原始啮虫

广腰蜂

琥珀中的昆虫 (白垩纪，黄迪颖提供)

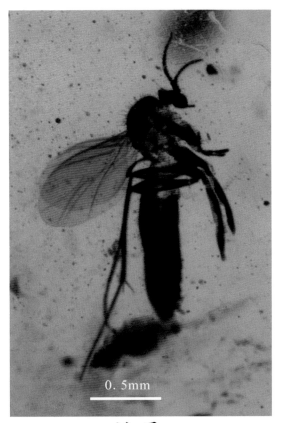

蚊子

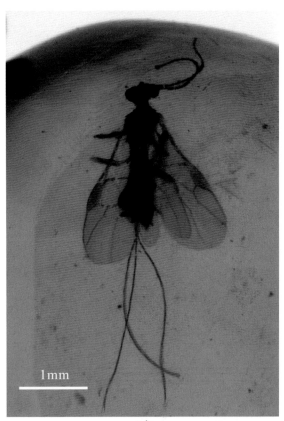

蜂

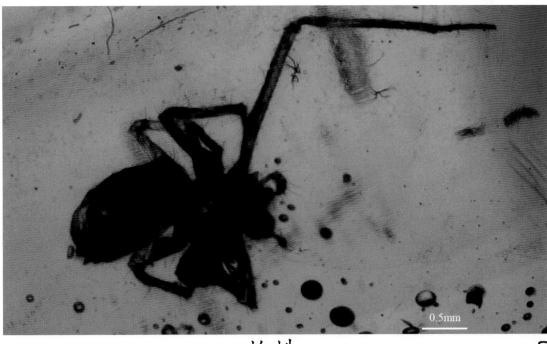

蜘蛛

头足类

盛菊石（二叠纪，牟林供图）

副色尔特菊石（二叠纪，牟林供图）

震旦角石（奥陶纪）

鹦鹉螺（白垩纪）

Nautiloid
Cretaceous
65-135 million years old

头足类

船菊石（白垩纪）

此化石壳长约1.6米。

笔石 (奥陶纪, 李丽霞提供)

小对笔石

下垂笔石

1mm

1mm

巅峰笔石

伸展笔石

四笔石

1mm

腕足类和双壳类

腕足类

鹗头贝(泥盆纪)

石燕贝(石炭纪)

马丁贝(二叠纪)

双壳类

未定名(石炭纪, 张燚强提供)

棘皮动物

球状始海百合 　　　　创孔海百合(三叠纪)

凯里盘 　　　　　　　凯里盘幼虫

除创孔海百合,其余图片皆为赵元龙提供,出自寒武纪凯里生物群,比例尺皆为5mm。

鏈类(化石和切片)

鏈化石(左,上)
(张燚强提供)

鏈切片(张以春提供)

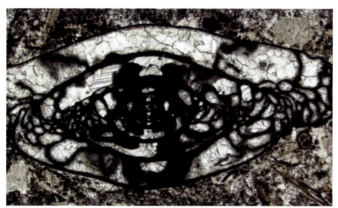

小纺锤鏈

费伯克鏈

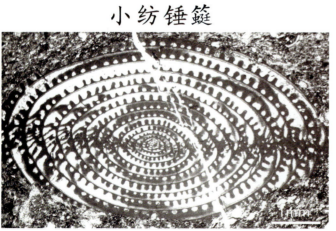

后桶鏈

南京鏈

鱼类

云南楚雄鱼(徐光辉提供)

浙江华夏鱼(徐光辉提供)

艾氏鱼

海生爬行动物

利齿滇东龙(尚庆华供图)

贵州龙(黄迪颖供图)

翼龙(汪筱林供图)

董氏中国翼龙

秀丽郝氏翼龙(左)

翼龙化石与恐龙骨架图

宁城热河翼龙化石
（汪筱林供图）

多齿盐都龙骨架（张峰供图）

鸟类（王敏供图）

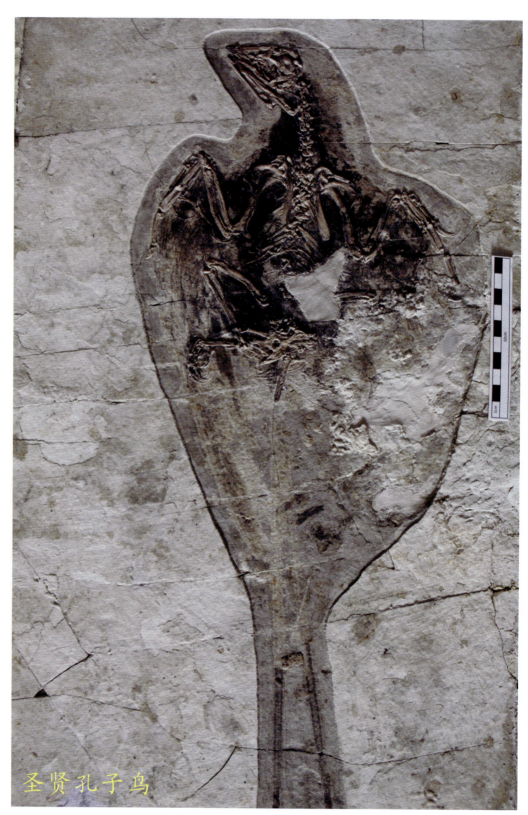

圣贤孔子鸟

鸟类（王敏供图）

侯氏鹏鸟

哺乳动物(邓涛供图)

5 cm

埃氏马头骨

5 cm

埃氏马颊齿

5 cm

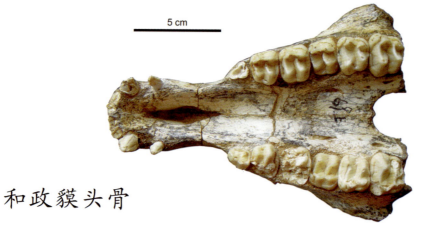

和政貘头骨

植物(二叠纪)

楔叶

枝脉蕨（万明礼供图）

翅籽

鳞木

芦木

除注明外,其余图片皆为颜梦晓提供。

植物

四裂木（泥盆纪,蒋青供图）
营养部分（左）和繁殖部分（右）

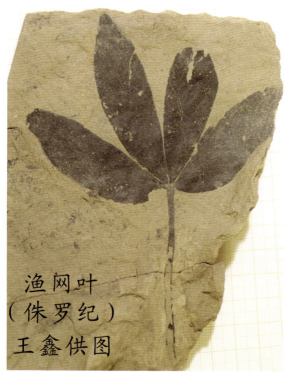

渔网叶
（侏罗纪）
王鑫供图

施氏果
（侏罗纪）

王鑫供图

十 年 一 签

2004年我出版了第1册书《两粒沙》，内容就是关于生命起源与演化的。当时已经写好了关于古人类演化的续集，并且请中国科学院古脊椎动物与古人类研究所的吴新智院士帮我做了修改，但想想觉得沙子起到的牵绊远大于穿针引线的作用，便搁置了续集，后来将文稿修改后出版了《寻根——中国古人》。记不清到底什么时候想好现在这3册书的故事形式，不过对《魔幻中生代》的三叠纪部分大改了3次印象深刻。还有就是计划新生代的7个世要用不同的主题，深感黔驴技穷，便请李茜博士帮忙写了始新世和渐新世部分，请梅逸飞帮忙写了三趾马的游戏。

今年距离《两粒沙》的出版正好十年。记得曾经单位里有位博士论文答辩时，导师用"十年一剑"来评价她的成果。想想人家用十年的专研磨出利剑，而我这十年的散写算是削了牙签。不过削出牙签也不赖，光是有削牙签的闲情就足以让我自羡了，毕竟除了本职工作，我还肩负照顾孩子的重任。

本系列书得以顺利完成，要感谢以下老师和研究生的帮助：邓涛、黄迪颖、蒋青、李丽霞、林巍、牟林、饶馨、尚庆华、王敏、王鑫、王文卉、汪筱林、万明礼、徐光辉、颜梦晓、袁东勋、袁金良、张峰、张以春、张燚强、赵祺、赵元龙、周忠和、朱学剑。

感谢插画师陈曦不厌其烦地配合修改，除了画工扎实外，她最令我喜欢的就是快速了。

感谢周丹编辑积极地帮我处理一切和书的出版有关的事，所以尽管过程比较长，却一直觉得很愉快。感谢孙天任编辑在校改过程中提出有益的修改意见。

尽管有做宣传的嫌疑，还是要对以下诸位大师的鼓励和帮助表达最诚挚的谢意：特别感谢陈旭院士，首先是在我出版《两粒沙》时给予的帮助，如果没有《两粒沙》，也许就不会有现在这套作品。此后陈老师一直热忱地鼓励我写科普书，而且从不吝夸奖，还请中国科学院古脊椎动物与古人类研究所的吴新智院士和张弥曼院士帮助我，给了我莫大的鼓舞。感谢戎嘉余院士当年只是看了我在《化石》杂志上发表的一篇文章便给予我做科普的肯定，我一直记得他夸奖我的那句话，但抱歉不能和大家分享。感谢南京大学地球科学系的周新民教授，我第一次申请科普基金给我手写推荐信。感谢已经长眠在雨花台功德园的金玉玕院士，帮我写过满是溢美之词的推荐信，我一直保留着他的手稿。

衷心感谢我的导师王向东研究员一直以来给我的帮助和支持！感谢我的父亲王坚先生和母亲姜桂英女士对我的培养，即便在我成家后也没有停止在生活上给予我力所能及的帮助，尤其是母亲曾放下一切来帮我照顾年幼的女儿。

感谢暖心的女儿对我写科普故事书给予的热力十足的支持，有时她洗脚都会见缝插针地要我写书，并且还会认真地帮我设计一些故事情节。所以，由衷地希望下个十年还能有"削牙签"的逸致。

王小娟